U0296157

潮州文化丛书·第一辑

潮州文化

《潮州文化丛书》编纂委员会 编

王文森 主编

SPM 南方出版传媒 广东人民出版社
·广州·

图书在版编目（CIP）数据

潮州竹文化 / 王文森主编. —广州：广东人民出版社，2021.7
（潮州文化丛书·第一辑）
ISBN 978-7-218-14808-3

Ⅰ. ①潮…　Ⅱ. ①王…　Ⅲ. ①竹—文化研究—潮州
Ⅳ. ①S795

中国版本图书馆CIP数据核字（2020）第257657号

封面题字：汪德龙

CHAOZHOU ZHU WENHUA
潮州竹文化
王文森　主编

出 版 人：肖风华

出版统筹：卢雪华
责任编辑：卢雪华
封面设计：书窗设计工作室
版式设计：友间文化
责任技编：吴彦斌　周星奎

出版发行：广东人民出版社
地　　址：广州市海珠区新港西路204号2号楼（邮政编码：510300）
电　　话：（020）85716809（总编室）
传　　真：（020）85716872
网　　址：http://www.gdpph.com
印　　刷：广州市人杰彩印厂
开　　本：787mm × 1092mm　1/16
印　　张：18.25　　**字　数：**260千
版　　次：2021年7月第1版
印　　次：2021年7月第1次印刷
定　　价：92.00元

如发现印装质量问题，影响阅读，请与出版社（020-85716849）联系调换。
售书热线：020-85716826

《潮州文化丛书》编纂委员会

《潮州竹文化》编辑部

主　编：王文森

副主编：王剑锋　蔡晓玲

成　员：廖泽远　陈晓婷

总序

坚定文化自信 打造沿海经济带上的特色精品城市

◎李雅林

文化是民族的血脉，是人民的精神家园。2020年10月12日，习近平总书记视察潮州，指出："潮州是一座有着悠久历史的文化名城，潮州文化是岭南文化的重要组成部分，是中华文化的重要支脉。"千百年来，这座古城一直是历代郡、州、路、府治所，是古代海上丝绸之路的重要节点，是世界潮人根祖地和精神家园。它文化底蕴深厚，历史遗存众多，民间艺术灿烂多姿，古城风貌保留完整，虽历经岁月变迁王朝更迭，至今仍浓缩凝聚历朝文脉而未绝，特别是以潮州府城为中心的众多文化印记，诉说着潮州悠久的历史文化，刻录下潮州的发展变迁，彰显了潮州的文明进步。

灿烂的岁月，簇拥着古城潮州进入一个新的历史发展时期。改革大潮使历史的航船驶向一个更加辉煌的世纪。习近平总书记强调，文化自信是更基础、更广泛、更深厚的自信，是更基本、更深沉、更持久的力量。坚定中国特色社会主义道路自信、理论自信、制度自信，说到底是要坚定文化自信。党的十九大向全党全国人民发出了“坚定文化自信，推动社会主义文化繁荣兴盛”的伟大号召，开启了新时代中国走向社会主义文化强国的新征程。潮州市委、市政府认真按照省委“1+1+9”工作部署和关于“打造沿海经济带上的特色精品城市”的发展定位，趁势而为，坚持走“特、精、融”发展之路，突出潮州的优势和特点，把文化建设放在经济社会发展的重要位置，加强文化建设规划，加大文化事业投入，激活潮州文化传承创新“一池春水”，增强潮州城市文化软实力和综合竞争力，推动潮州文化大繁荣大发展，为经济社会发展提供坚实的文化支撑。

历史沉淀了文化，文化丰富了历史。为进一步擦亮“国家历史文化名城”这张城市名片，打造潮州民间工艺的“硅谷”和粤东文化高地，以“潮州文化”IP引领高品质生活新潮流，在全省乃至全国范围内形成一道独特而亮丽的潮州文化风景线，2019年，潮州市印发了《关于进一步推动潮州文化繁荣发展的意见》。2020年开始，中共潮州市委宣传部启动编撰《潮州文化丛书》这一大型文化工程，对潮州文化进行一次全方位的梳理和归集，旨在以推出系列丛书的方式来记录潮州重要的历史人物事件和优秀民间文化，让潮州沉甸甸的历史文化得到更好的传承和弘扬。这不仅为宣传弘扬潮州文化提供了很好的载体，也是贯彻落实习近平新时代中国特色社会主义思想和党的十九大精神的一个有力践行，是全面开展文化创造活动、推动潮州地域文化建设与发展的一件大事和喜事。

文化定义着城市的未来。编撰《潮州文化丛书》是一项长期的文化工程，对促进潮州经济、社会、政治、文化建设具有积极的现实意义和深远的历史意义。作为一部集思想性、科学性、资料性、可读性为一体的“百科全书”，内容涵括潮州工艺美术、潮商文化、宗教信仰、饮食文化、经济金融、赏玩器具、民俗文化、文学风采和名胜风光等等，可谓荟萃众美，雅俗共赏。这套丛书的出版，既是潮州作为历史文化名城的生动缩影，又是潮州对外展现城市形象最直观的窗口。

“千古文化留遗韵，延续才情展新风”。《潮州文化丛书》的编撰出版，是对潮州文化的系统总结和传统文化的大展示大检阅，是对潮州文化研究和传统文化教育的重要探索和贡献。习近平总书记对潮州文化在岭南文化和中华文化体系中的地位给予的高度肯定，更加坚定了我们的文化自信，为进一步推动潮州文化事业高质量发展提供了根本遵循。希望全市宣传文化部门能以《潮州文化丛书》的编撰出版为契机，牢记习近平总书记的谆谆教导和殷切期望，乘势而上，起而行之，进一步落实市委“1+5+2”工作部署，积极融入“粤港澳大湾区”建设，围绕“一核一带一区”区域发展格局，推动文化“走出去”，画好“硬内核、强输出”的文化辐射圈，使这丰富的文化资源成为巨大的流量入口。希望本丛书能引发全社会对文化潮州的了解和认同，以此充分发掘潮州优秀传统文化的历史意义和现实价值，推动优秀传统文化创造性转化和创新性发展，创造出符合时代特征的新的文化产品，推出一批知名文化团体和创意人才，形成一批文化产业龙头企业，打造一批展现文化自信和文化魅力的文化品牌，开创文学大盛、文化大兴、文明大同的新局面，为把潮州打造成为沿海经济带上的特色精品城市、把潮州建设得更加美丽提供坚实的思想保障。

前言

“宁可食无肉，不可居无竹。无肉令人瘦，无竹令人俗。”竹，秀逸有神韵，长青且蓬勃，偃而犹起，柔中有刚，颇有“君子之姿”，素来深受人们喜爱。纵观历史，竹这种自然植物深刻地渗入潮州人民的物质生活和精神生活的方方面面。以竹为材料制作成的生产生活工具、建筑物、交通工具、菜肴、药物、书写工具、工艺品、乐器等器物种类繁多，丰富多彩；咏竹的诗词、文章、绘画、书法、摄影、歌谣、手工艺等作品不可胜数，提振人心；以竹为理想人格象征物的伦理、宗教、民俗现象屡见不鲜，如山似海……

竹在潮州人民心中，已是一种“人化”的自然，沉淀传承了潮州人民情感、观念、思维和理想等深厚的文化底蕴，构成了一种传达和表现潮州人民的审美趣味、情感思维、人格理想的文化符号。历史上，潮州曾是重要的韩江流域竹木贸易的转运中心，因此也成就了繁荣的竹产业，竹器厂、竹木厂众多，竹艺工作者灿若星河。潮州扇是古代名扇之一，曾多次入贡朝廷，深得宫廷的喜爱。近代，广东潮州竹雕还被列入中国三大竹雕产区之一。但随着生产技术的发展和人们生活观念的改变，本是家家户户随处可见的竹产品被塑料产品、金属产品代替，渐渐退出视野，竹产业也日渐凋零。辉煌精致的竹艺品鲜有人问津，甚至多数市民不知其史，只知潮州木雕不知潮州竹雕，可叹可惜。

受此触动，特编写此书，望能以浅薄之力为潮州竹文化拭去历史的尘土，使其光芒再现，重新进入广大群众的视野。此书采用通俗读物的形式，选题广泛，覆盖面广，主要阐述竹在潮州人民的衣食住行、生产、艺术、哲学等领域所构成的事象，并借助丰富的文献资料和田野调查材料，进行整体性的论证叙述，从而展现出潮州竹文化的多维立体结构，显示出潮州文化的内在特质。

"建设生态文明，关系人民福祉，关乎民族未来。"希冀此书能使广大群众对潮州竹文化有更系统的认识，真诚地希望对潮州竹文化、竹产业有兴趣的同志发挥所长、各尽其力，贯彻落实习近平总书记关于生态文明建设和生态环境保护的重要论述，共同推动潮州竹产业的振兴发展，让竹产业重新成为潮州一大支柱产业，让竹林成为乡村亮丽风景线，让潮州竹名片与时俱进彰显新光彩，以此打造习近平总书记"绿水青山就是金山银山"理念的潮州模式，助推潮州打造成为沿海经济带上的特色精品城市。

目录

目录

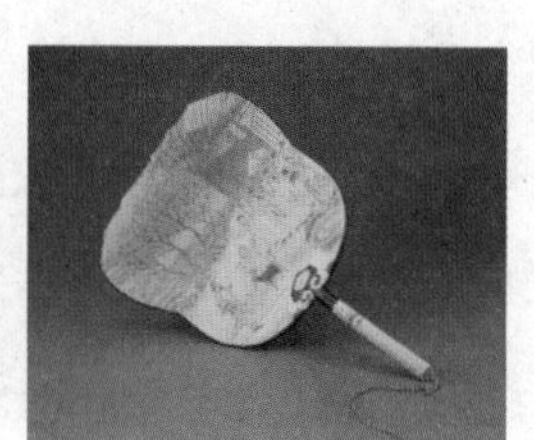

CHAPTER 1

第一章 不刚不柔，非草非木

——潮州竹及竹文化概述

第一节　潮州竹的种类和分布

一、竹的生物形态特质

作为中国乃至世界上现今所知最早的一部竹类专书——戴凯之所撰的《竹谱》在开篇中描述竹："植类之中，有物曰竹，不刚不柔，非草非木。"竹类在植物分类学上属单子叶植物的禾本科，为多年生植物，其品种繁多，有低矮似草，又有高如大树，通常通过地下匍匐的根茎成片生长，也可以通过开花结籽繁衍。"未出土时先有节，便凌云去也无心。"宋代徐庭筠《咏竹》里这句诗讲述了竹子的一个特质，便是竹笋出土前，全竹的节数已定，出土后不再增加新节，竹竿的增高主要是由区间分生组织的分裂活动使得节间不断伸长而成。竹有木质化的地下茎和秆，有明显的节，节间常中空。普通叶片具有短

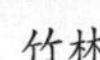

竹林

竹笋、笋母

柄，且和叶鞘相连成一关节，容易从叶鞘脱落。主秆上的叶与普通叶有显著区别，通称箨，箨叶缩小而无明显的主脉。竹的根系发达，适应性强，速生丰产，种植3～5年即可成林成材，一次造林可连年采笋伐竹；而竹材力学强度大、弹性好、纤维长、耐磨损，因而竹林资源在世界为数不多的可再生资源里具有特殊的地位。

二、竹类植物分布

（一）世界分布

范景中《中华竹韵》对竹有概括："中国谓之竹，朝鲜谓之他伊，日本名从中国，亦谓之竹，又有千寻草、河玉草、夕玉草、小枝草之类的别称。西人谓之bamboo，林氏纲目属第六纲第一目，学名Bambusoideae，为自然分类禾木科第十族之常绿植物。"全世界竹类植物有70多属、1200多种。竹类植物是常绿（少数竹种在旱季落叶）浅根性植物，对水热条件要求高，而且非常敏感，地球表面的水热分布支配着竹类的地理分布。竹类植物主要分布在热带及亚热带地区，少数分布在温带和寒带地区，在五大洲的地理分布情况为：亚洲为最大，其次为非洲，美洲再次之，大洋洲最少，欧洲仅有少量引种。故世界的竹子地理分布可分为三大竹区，即亚太竹区、美洲竹区和非洲竹区。

亚太竹区，北至北纬51°的库页岛中部，南至南纬42°的新西兰，东至太平洋诸岛，西至印度洋西南部。亚太竹区主要产竹国家有中国、印度、缅甸、泰国、孟加拉国、柬埔寨、越南、日本、韩国、印度尼西亚、马来西亚、菲律宾、斯里兰卡等。

美洲竹区，北至北纬40°的美国东部，南至南纬47°的阿根廷南部。其竹子分布中心包括南北回归线之间的墨西哥、危地马拉、哥斯达黎加、尼加拉瓜、哥伦比亚、洪都拉斯、委内瑞拉和巴西的亚马逊流域。

非洲竹区，北至北纬16°的苏丹东部，南起南纬22°的莫桑比克南部。其竹子分布中心范围包括非洲西海岸的塞内加尔南部、几内亚、利比里亚、象牙海岸南部、加纳南部、尼日利亚、喀麦隆、卢旺达、布隆迪、刚果、加蓬、乌干达、扎伊尔、肯尼亚、坦桑尼亚、莫桑比克、马拉维，直到东海岸的马达加斯加岛，形成从西北到东南横跨非洲热带雨林和常绿落叶混交林的斜长地带。

（二）中国分布

中国是全球竹子分布的中心，是世界上竹类面积最大、产量最高、栽培历史最悠久、经营管理水平较高的国家。据2013年全国第8次森林资源清查结果显示：全国现有竹林总面积601万公顷，占全国森林总面积3.07%，占全世界竹林总面积约1/5。竹类主要分布在热带、亚热带和南温带海拔3000米以下的山地、丘陵和平原，气候类型属于东南或西南季风气候区，适宜竹类生长。中国竹林地理分布范围很广，北至黄河流域，南自海南，东起台湾，西至西藏的聂拉木地区，天然分布范围大约在北纬18°～35°、东经35°～122°。

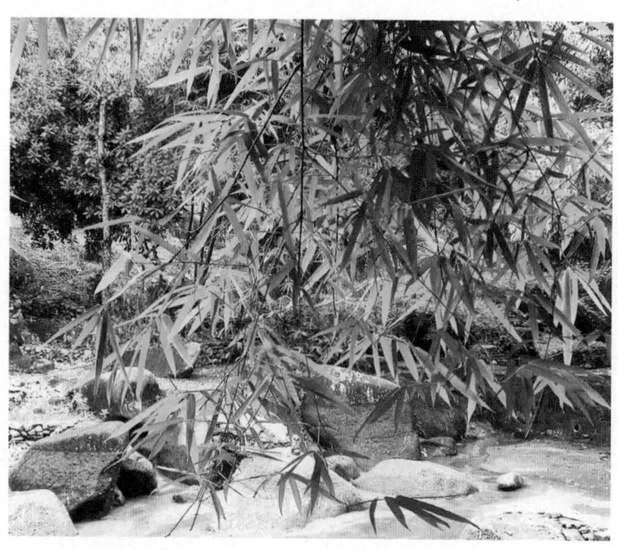

竹叶

上古时期的地理著作《山海经·山经》中，西山经、北山经、东山经、中山经均记载到竹，可见竹子在上古分布之广、资源之丰。后由于历史上拓地、兵燹、横征暴敛、自然灾害等，多个地区竹林损毁。但直至今日，在广东、福建、广西、湖南、浙江、四川、江西、安徽、云南、贵州、河南、陕西等省份，仍遍布茂密的竹林。据2013年中国林业科学研究院西南花卉研究开发中心主持、四川农业大学协作完成的《中国竹类资源调查及〈中国竹类图志〉的编撰》课题结题报告显示：中国有竹子自然分布的21个省（自治区、直辖市）和特区原产及引进的竹亚科植物43属707种、52个变种、98个变形、4个杂交种，共计861种及种下分类群。云南竹种数量居全国首位。广东是全国竹子的生产区之一，共有20属150多种，竹类资源十分丰富。

（三）潮州分布

1. 种类

潮州历史上盛产竹子，竹类品种繁多，有麻竹、毛竹、苗竹、绿竹、厘竹、桂竹、斑竹、黄竹、赤竹、苦竹、金镶玉竹等竹种，尤以赤竹、苦竹为盛产。

麻竹：别称甜竹、大头竹、大头典竹、青甜竹、大叶乌竹、马竹等，是中国南方栽培面积最广的竹种。笋味甜美，竿可供建筑和篾用，四季常青，秀丽挺拔，常用于庭园栽植，观赏价值高。竿高20～25米，直径15～30厘米，梢端长下垂或弧形弯曲。节间长45～60厘米，幼时被白粉，但无毛，仅在节内具一圈棕色绒毛环。壁厚1～3厘米。竿分枝习性高，每节分多枝，主枝常单一。

毛竹：又称苗儿竹，老竿无毛，并由绿色渐变为绿黄色。壁厚约1厘米。其竿型粗大，竿高可达20多米，粗可达20多厘米，宜供建筑用，如梁柱、棚架、脚手架等。篾性优良，供编织各种粗细的用具及工艺品，枝梢作扫帚，嫩竹及竿箨作造纸原料，笋味美，鲜食或加工制成笋干、笋衣等。毛竹叶翠，四季常青，秀丽挺拔，经霜不凋，雅俗共赏，自古以来常用于置景。

苗竹：质地坚韧厚实，节密多筋，是竹类中之良材，最宜制作纸伞干柄。潮州所产“汪胜昌”纸伞干柄，即选用上庄苗竹。修长的苗竹还可加工制成加长的鱼竿。潮州山区有产，节疏、竹薄，比之兴梅苗竹，较为逊色。

绿竹：潮州盛产，多笋、多产，质地柔韧、节疏。原竹破开后，经破篾剔丝，广泛应用于竹编制品，如农具用的谷笪、畚箕、筐、箩；家具用的竹帘、竹席、吊篮、提篮；工艺品用的花盆、花篮、餐帘、玩具等。

厘竹：又称茶杆竹、青篱竹，一般株高10多米，径粗3～5厘米，大的可达8厘米。其质地坚韧、厚实，用途广泛，造价较低，用于渔业、农业、工业等方面；也可用于墙壁筋条；广泛用于“香枝”（制香供祭祀之用，多为出口）、“毛枝”（制餐帘用的竹帘枝）、“鱼枝”（卫生枝，供卫生部门制棉枝之用）等。厘竹是制造各种竹家具、滑雪杆、花架、旗杆、笔杆、高级钓鱼竿、雕刻工艺美术的主要原材料。

桂竹：叶密，故又名防露竹。竿高可达20米，粗达15厘米，幼竿无毛，节间长达40厘米，壁厚约5毫米。适宜加工上漆为鱼竿；也适宜作高级篱笆之用；还可制器。由于产地及年份关系，有密节、疏节之分，以密节为佳。

苦竹：笋期6月，笋苦。竿高可达5米，直立，竿环隆起，高于箨环，枝稍开展。旧时盛产，《潮州府志·物产篇》载：“潮州无笋不苦。”苦竹篾性一般，经破竹剔篾之后，普遍用于竹编类、竹篷类的生产。

金镶玉竹：杆高4～10米，径2～5厘米。新竹新竿为嫩黄色，后渐为金黄色，各节间有绿色纵纹，有的竹鞭也有绿色条纹，叶绿，少数叶有黄白色彩条。竹竿鲜艳，黄绿相间故称为金镶玉。有的竹竿下部“之”字形弯曲。笋期4月中旬至5月上旬，花期5—6月。

赤竹：属灌木型竹类，竿散生，直立，高1～2米或稍高，直径5～10毫米。节间圆筒形，长8～10厘米，幼竿具疣毛，老熟后毛脱落，惟节下方有较密宿存的向下刺毛；竿环极为隆起；节内长可达0.5厘米；箨环明显，具密集向下的棕色刺毛，分枝较开展，次级枝每节仅为一枝。

2. **分布**

竹类遍布潮州各个乡镇，山林、湖泊、溪流、村庄、田园，到处都有各种各样的竹生长着。尤其是潮安区、饶平县的山区、半山区乡镇，竹的数量更多。民居也常有种植观赏竹。下面介绍一些涉竹地名：

竹木门：竹木门是潮州城几个古城门之一，古时因是竹木的集散地而得名。潮州竹木门城楼在广济门城楼的北边，距离约有200多米，有城墙相连。

竹竿山：潮州竹竿山名字的由来，民间有个传说。唐代韩愈被贬到潮州之后，正逢潮州大雨成灾，洪水泛滥，田园顿成泽国。他亲自到城外巡视，只见北面山洪汹涌而来。韩愈心急如焚，心想这山洪如果不堵住，百姓难免受害惨重。于是他骑马到城北，先看了水势，又看了地形，随即吩咐手下紧随他的马后，凡马走过的地方都插上竹竿，作为堤线的标志。插好了堤线就通知百姓，按竿标筑堤。久受洪水之苦的百姓见新来的刺史为他们办实事，都十分感动，纷纷赶来筑堤。岂料一到城北，只见那些插下竹竿的地方已拱出了一条山脉，堵住了北来的洪水。从此，这里不再患水灾。百姓纷纷传说：“韩文公走马牵山。”这座山后来就叫作“竹竿山”。

竹洲岛：在潮安区归湖镇，四面环水，因岛的周围长满翠竹而得名“竹洲岛”。上岛需乘竹排渡船，是一个旅游的好去处。

竹围村：在湘桥区凤新街道，凤新社道路以北，分别与大园、莲云、东埔等村及市经济开发区接壤，皆为蔡氏。

竹园村：在潮安区文祠镇，以盛产竹子得名，农业主产为竹木、橄榄、茶叶等。

绿竹村：在潮安县归湖镇区以西隔江之韩江西岸，创村时村周围有苍绿的竹林成片，故名“绿竹村”。

关竹村：在潮安区登塘镇，创于清初，创乡时溪南有“关竹”古庵（已毁），故名“关竹村”。

古竹街：在潮安区古巷镇古三村，因该街位于原古竹公路而得名“古竹街”。

青竹径村：在饶平县汤溪镇，该村是一个水库移民新村，因村道周围布满竹林而得名“青竹径村”。

第二节　竹的利用价值

一、实用价值

竹子与人类的生产生活密切相关，衣、食、住、行、用都离不开竹子。竹制品遍及炊具、餐具、家具、农具、洁具、玩具、盛物以及照明消暑、避雨、装饰等用具。取竹制冠，用竹做防雨、防晒的竹斗笠从古沿用至今。在很多地区，竹楼、竹屋、竹寨、竹房、竹阁、竹廊、竹寺、竹殿、竹观等竹建筑随处可见。竹筏、竹桥等在溪河纵横的地区，仍然是重要的交通工具和设施。鲜笋和笋干是美味山珍，不但百姓喜爱，而且历来为文人墨客所赞赏，认为竹笋“能居肉食之上”。竹荪、竹茹、竹沥、竹根等，还是生态、环保的药材。北宋文学家苏轼所说的“食者竹笋，庇者竹瓦，载者竹筏，炊者竹薪，衣者竹皮，书者竹纸，履者竹鞋，真可谓不可一日无此君也”，正是对竹与人密切关系的高度概括。

竹制品

随着技术进步和发展，竹与科技融合产生了新的实用价值。竹叶抗氧化物（AOB）于2004年4月被列入国家食品添加剂名录，可广泛用于食用油脂、肉制品、油炸食品、膨化食品、即食食品、焙烤食品、果蔬汁（肉）饮料和茶饮料等多种食物体系。以竹子为原料提取纤维素，再经制胶、纺丝等工序制造出的竹纤维面料，柔和软暖，抑菌透气，天然保健，应用于毛巾、浴袍、贴身衣物等。竹产业也已开发出一系列新材料，如中国创造的竹缠绕复合材料，充分利用竹纵向拉伸强度大的特点，通过缠绕工艺加工而成的新型生物材料，以更轻、更柔韧、更坚固、成本低等优势，可替代钢材、水泥、塑料等高污染和高耗能传统材料，制成管道、管廊、房屋、高铁车厢甚至火箭发射筒筒体等产品，颠覆了人们对竹产品开发利用的认知，展示了广阔的发展空间。

二、生态价值

当前全球气温变暖对人类造成的不良影响日渐凸显，全球极端天气和气候事件及其影响持续增多增强。森林碳汇是缓解气候变化的重

竹林

要途径。竹子作为森林的重要组成部分，其固碳能力比林木还强。如1公顷毛竹林的年固碳量为5.09吨，是杉木林的1.46倍、热带雨林的1.33倍。一棵毛竹可固土6立方米，固土能力是松树的1.6倍、杉木的1.2倍。同等面积的竹林较树林可多释放35%的氧气。竹林的涵养水源能力强，每公顷竹林可蓄水1000吨，夏天可增加空气相对湿度5%～10%，林冠下温度低3%～5%。竹林的渗水率是草地的1倍，平均截留率达11%。竹林在减缓气候变暖、改善生态质量方面前景广阔，潜力巨大。

三、观赏价值

竹类植物四季常青，其竿挺拔秀丽，其枝叶婀娜多姿。竹类植物品种繁多，大中小竹种齐备，竿形、叶色各异，有很高的观赏价值。魏晋《世说新语》载："王子猷尝暂寄人空宅住，便令种竹。或问：'暂住何烦尔？'王啸咏良久，直指竹曰：‘何可一日无此君？’”王子猷暂时寄居别人的空房也要马上安排种竹，这种任诞是对竹的一种妙赏，从侧面反映古人居住置竹，以寄其情。竹类植物为园林造景提供了众多选择，可以种植构成绿篱、地被、护坡、镶边，成为与园林建筑物路景、山水、岩石的组景。竹林幽雅的闲情野趣令人陶醉，驻足往返。

从竹类整体外观看，有大型、中型和小型的竹种，其中大型竹种有毛竹、麻竹、青皮竹、绿竹、粉单竹、慈竹、淡竹、吊丝竹等；中型的有茶秆竹、孝顺竹、银丝竹、斑竹、紫竹、笻竹、筠竹、唐竹等；小型的有凤尾竹、倭竹、翠竹、菲白竹、佛肚竹、菲黄竹、山白竹、鹅毛竹、阔叶箬竹、矢竹等。

从竹类植物竿形看，不仅有圆形的毛竹、绿竹、麻竹、粉单竹等；还有形状特殊的斑竹，如四角形的方竹，螺旋形的螺节竹，类似罗汉肚子的佛肚竹、罗汉竹，类似龟背的龟背竹、肿节竹等。

从竹类植物竿形颜色看，也不尽相同，呈现色彩斑斓的世界，其中竹竿黄色的有黄皮桂竹、黄皮京竹、黄皮刚竹、金竹、安吉金竹；竹竿绿色（含节间或沟槽有黄色条纹）的有银丝竹、花巨竹、黄槽石绿竹、黄槽刚竹、银明竹、绿皮黄筋竹；竹竿黄色且含节间或沟槽有绿色条纹的有小琴丝竹、黄金间碧玉竹、花吊丝竹、金镶玉竹、花毛竹、金明竹、金竹、黄皮乌哺鸡竹、花秆哺鸡竹、紫条纹慈竹；竹竿紫色的有紫竹、刺黑竹、笻竹、白目暗竹、业平竹；竹竿白色的有粉单竹、粉麻竹、绿粉竹、梁山慈竹、华丝竹；竹竿具其他色彩斑纹的有斑竹、筠竹、紫蒲头石竹、紫线青皮竹、撑篙竹、红壳竹。

从竹类植物叶形和颜色看，竹叶形状宽形的有箬竹、华箬竹等，狭长形的有大明竹等；叶绿色具白色条纹的有小寒竹、菲白竹、铺地竹、白色阴阳竹，叶色具其他色彩条纹的有黄条金刚竹、菲黄竹、山白竹。

第三节　潮州竹文化内涵

潮州人具有勤劳刻苦、忠诚老实、坚韧不拔、好学不倦、开拓冒险、尊老爱幼、团结互助等优良品质，这与竹忠贞正直、隐忍坚强、高洁刚直等秉性相类似。潮州民居中的“前榕后竹”体现了潮州人对竹子的喜爱之情，也印证了潮州人生产生活中与竹息息相关的紧密联系，竹文化早就融入潮文化之中。潮州人向往的竹文化精神意蕴，大抵有以下四方面：

一、虚心高尚的品德

竹之淡雅、清白、虚心、正直的秉性，历来受到文人墨客的推崇，借以为之挥毫吟咏、绘画抒怀。唐代白居易在《养竹记》中云：“竹本固，固以树德”“竹性直，直以立身”“竹节贞，贞以立意志”。唐代刘禹锡《庭竹》诗云：“露涤铅粉节，风摇青玉枝。依依似君子，无地不相宜。”元代杨载《题墨竹》诗云：“风味既淡泊，颜色不妖媚。孤生岩谷间，有此凌云气。”竹类植物既有虚心劲节和独立挺拔的身躯，又有叶色之青翠和飘逸；既有独立成林的秉性，又有与其他乔木、灌木、草本植物和谐共生、包容发展的情怀。这与潮州人品性极为贴合。潮州人为人处事稳重低调、踏实务实，不好大喜功，也不好高骛远。即使位高权重或是资深行家，也常保持谦虚谨慎，和气待人。竹子“未出土时先有节，及凌云处尚虚心”，展现了清淡高雅、傲骨虚心、自强自尊、厚德载物的品行，同中华传统文化倡导的“富贵不能淫，贫贱不能移，威武不能屈”“穷则独善其身，达则兼济天下”“淡泊名利，刚正重节”的理念相吻合。历史上，潮州涌现了众多抗寇、抗外来侵略的英雄人物，如李春涛、蔡英智、谢汉一、庄淑珍、李绍法、文锡响等，他们身上都体现了这种高尚的情怀。

二、坚韧不拔的意志

清代郑燮《竹石》诗云："咬定青山不放松，立根原在破岩中。千磨万击还坚韧，任尔东南西北风。"描述了竹类植物顽强的生命力。毛竹面对风雪自然灾害，表现很有骨气，竹梢被压弯了，但竹竿仍然屹立着。"不管风吹雨打，胜似闲庭散步"，因此松、竹、梅被誉为"岁寒三友"。竹子展现了"生命顽强、忍辱负重，生命不息、生长不止"的坚韧不拔的意志，同中华传统文化倡导的"人要有志""宁直不弯""自强不息"的理念相吻合。宋代黄庭坚《画墨竹赞》诗云："人有岁寒心，乃有岁寒节。何能貌不枯，虚心听霜雪。"宋代欧阳修《戏答元珍》诗云："残雪压枝犹有桔，冻雷惊笋欲抽芽。"竹子即使遇到石砌的墙脚，只要有缝隙，竹鞭就能钻过去，然后发笋成竹。南宋诗人范成大的田园诗中"邻家鞭笋过墙来"之句，是俗语"东园竹子西园笋"的真实写照。竹笋出土后，初期生长较慢，到了生长旺盛期间，几乎呈直线上升，一昼夜的生长量一般在10厘米以上，其中粉单竹高达40厘米，撑篙竹也达30厘米，其长势之迅猛，堪称植物界的冠军。潮州人有着如竹子般坚韧的生存意志和乐观的生活态度。潮州属于沿海地区，历史上潮州人出海谋生，常遇艰难甚至死亡。过去潮州家庭普遍子女众多，为了帮扶家庭，孩子很小就得帮忙干活，增加劳动力，减轻家庭的负担。正是因为这样，潮州人锻炼出了不怕艰苦、比较乐观的性子。比如当他们在创业时遇到困难的时候，会更加从容和坚毅，既然这条路行不通，就会去寻求一条新的道路，直到能够顺利走下去为止。他们在教育下一代人的时候，也会把这种吃苦耐劳、乐观坚韧的品质传承下去。

三、无私奉献的精神

竹类植物默默无闻地为人类生存作奉献，以最高的光合作用效率，把二氧化碳和水转化成人类所需要的竹林和笋竹产品，保护和改善着人类的生存环境。它对人类从不吝啬，无私奉献，刚出土的竹笋可供人食用，当年嫩竹可制浆造纸，成材竹竿可制作成工具、用具和建筑用材，竹纤维可制造成纺织品，竹叶、竹沥、竹根、竹实、竹菌可作药用，竹梢可作扫把，成为洁具。竹类植物浑身都是宝，而独特优美的竹林景观，点缀大地，常年青翠，充满活力，让人驻足流连，具有陶冶情操、净化心灵、旅游观赏和审美的价值。竹子体现了有花不开、素面朝天、载文传世、任劳任怨的品格，同中华传统文化倡导的“先天下之忧而忧，后天下之乐而乐”“修身、齐家、治国、平天下”的理念相一致。潮州人崇尚无私奉献的精神，最是体现在他们对奉献之人常怀感恩之心。怀抱祖德，饮水思源，感恩先贤，感恩故里，感恩社会。因为感恩，所以父慈子孝、母贤妻惠，无论身处何地，依然心系家乡，即使身处他乡异国依旧热忱帮助建设家乡。韩愈治潮八个月，兴修水利、赎放奴婢、驱除鳄鱼、兴办教育，潮州人感恩怀念韩愈，希望令其流芳千古，以至于潮州江山改姓韩，如韩江就因韩愈而由原名“恶溪”改为“韩江”，其所经过的丰顺莲花山脉也因而改称“韩山”。至今在潮州，人们提起韩愈，都尊其为韩文公。

四、团结协作的楷模

竹类植物生长习性，是地表分散的竹竿与地下的竹鞭连成一体，鞭生笋，笋成竹，竹养鞭，周而复始，繁衍生息。因此，一片竹林可以看作一株“竹树”，地下茎竹（鞭）是“竹树”的主干，竹竿是竹树的“主枝”。它们之间是一个命运共同体，子子孙孙，宗生族茂，布满山川，鞭根系统形成非常密集的网络，无数的竹根紧紧抱住每一颗土壤的细粒。竹类植物展现了谦和、包容、抱团发展的高贵品格，与潮州文化倡导的“以和为贵”“守望相助”的精神相契合。中国传统的三大商帮之一的潮商之所以能历经500年依然生机勃勃，与潮商之间互助合作有很大关系。“众人脚毛打成索”“有钱大家赚”“做人讲诚信和感恩”，这些潮商口头禅正体现了潮州人以乡情为凝结点，通力协作，不断适应市场变化的合作精神。潮语“家己人”，是最亲切、最流行的一句话，是自己人的意思。潮州人在他乡，碰到说潮语的人，总会不由自主地说句：“哇，胶己人！”“家己人”便意味着可以相互帮助，困难时可以拉一把，无聊的时候可以聊聊，关键的时候提个醒。

CHAPTER 2

第二章 匠心尽夺造化工

——潮州竹制工艺品

第一节　竹制工艺品综述

一、中国竹制工艺品综述

中国被誉为“竹子文明的国度”，在世界上享有“工艺之国”的美誉，在这个工艺品的百花园中，竹制工艺品像一朵华美灿然的奇葩，立于其间。千百年来，竹制工艺品以其实用性与审美性、物质性与精神性的高度和谐统一而久负盛名。

据考古资料显示：新石器时代初期，人类开始定居生活以后，竹子便成为南方地区先民日用编织器皿的主要材料。到了春秋战国时期，编织工艺美术日渐精细，花色品种进一步丰富。明代，编织技术进一步创新，还与漆器工艺相结合，创制了不少珍藏书画的画盒、存放首饰的小圆盒、安置食品的大圆盒等。其编织技法有：十字编、人字编、六字编、螺旋编、圆面编、绞丝编、穿篾编、穿丝编、弹花编、插筋编及各种硬板花图案。创制的品种有：篮、盘、箱、盒、屏风、灯笼、窗帘、罐、轿篷、扇子等10余个大类。中华人民共和国成立后，竹编工艺得到发扬光大，并开始名正言顺地回归到工艺美术行业，进入高档、优雅艺术殿堂。特别值得一提的是，创新设计编织的名人字画、人物山水、花鸟鱼虫等精美艺术品，如用薄如蝉翼、细如发丝的竹丝编成的《中国百帝图》《清明上河图》等成为竹编艺术瑰宝，多次荣获国际国内金奖。进入21世纪后，随着科学进步和社会发展，竹编工艺渐渐失去其竞争力，编织技艺成为国家重点保护的非物质文化遗产。

二、潮州竹制工艺品的种类

作为一种传统民间工艺，潮州竹制工艺品历史悠久且富有地方风情和人文特色。潮州地区不仅是竹子的盛产地，而且上游梅州竹产区的竹子捆扎成筏，沿韩江顺流而下放运到潮州，为潮州竹制工艺制作提供了丰富的原材料，因而潮州是竹制品的主产区。唐宋时期，潮州已出现木竹家具作坊。明代竹藤制品开始在潮州盛行。城区南门的古竹铺街和意溪的堤上堤下，是苗竹、桂竹、厘竹、绿竹的集散地。明清时期，潮州的竹制品有很多花色品种。20世纪70年代，竹产品生产企业遍布潮汕各地。

潮州竹制品品种繁多、花色丰富，既有日常生产生活用品的箩、筐、篮、箕、筛、家具、笠、盘、席等，也有工艺性较高的欣赏与实用相结合的鸟笼、帘、灯罩、灯笼、包装盒、扇子、茶叶盒、花盘、竹楹、妆盒、竹雕等。歌谣唱道："门上珠帘画清新，房内竹盒藏金银，窗前竹帘遮风日，祠堂竹架赛灯屏。"歌谣中所说的珠帘、竹盒、竹帘、竹灯屏，就是工艺性较高的一部分。潮州竹编工艺品主要分为编织、雕刻、剪贴、胶合四大类，虽然都以竹子为原料，但却根据不同品种的特点，在用料上有主次之分。

雕刻类：竹雕是在竹制的器物上雕刻多种装饰图案和文字，或用竹根雕刻成各种陈设摆件，人物、佛像、蟹、蟾蜍之类的一种欣赏价值很高的工艺品。近代，广东潮州被列为中国竹雕三大产区之一。竹雕用料以苗竹为主，厘竹为辅，先将苗竹劈成大小不一的竹片，裁截成各种不同的规格，然后在竹片上雕刻字画、图案纹样等，再按设计的各种花鸟、虫鱼、博古、树木、亭台等图稿，施以浅浮雕、沉雕技艺进行组合镶嵌，染上颜色，华丽夺目，别具一格。产品有亭阁、屏风、挂屏、摆件和玩具等。

编织类：以厘竹、苗竹为主，其他杂竹为辅，将竹子劈开并剥成不同规格的篾片，大的一条宽2厘米，小的每条仅1毫米，运用花纹、字案、一条、二条、三条、六角目、三角目、三登六角目等8种编织技艺，手工编织出不同造型的篮盒、灯罩、盘、提箱、扇、动物笼等近百个品种，工艺极为精致。

剪贴类：先将竹削开成如薄纸般的竹片，染上各种色彩，根据不同图案的要求，剪贴成各种各样的色块，按图稿进行粘贴成画，如亭台楼阁、山水花卉、飞禽走兽、古代仕女等。利用这些竹剪贴画制成各种工艺品，如礼品盒、首饰盒、屏风、背袋、各种挂画饰件、相框、扇子等，在造型上有许多独到之处，形象生动有趣，美观实用。

胶合类：将竹料劈成各种规格的薄片，浸漂晒干后组成薄板，涂上化学胶，用2～3层进行热压黏合，做成各种器物，如圆盘、托盘、水果盘、碗等。胶合类竹编工艺品是潮州竹制品工艺厂于1969年全省首创，主要产品有胶合竹盘、花盆、扇、杯垫、屏风、排污生物转盘、胶合竹板等。该厂的胶合竹盘，造型优美，并以山水、花果等题材，用国画意笔手法进行彩绘装饰，显出浓厚乡土特色，特别是耐热、耐浸、无味、不渗水、不易破裂，是一种带有欣赏价值的实用品。该厂用胶合竹板制成的排污生物转盘，耐腐、耐浸泡、不变形，经省和国家有关部门鉴定，确认为是污水处理的一种新型产品，1983年获国家轻工部“金龙奖”。

第二节　潮州竹编工艺品选介

一、鲎壳扇

鲎壳扇出产于桑浦山边的蓬洲村，清末潮州府城也有出产，是清代潮州府的名产，也称为“蓬洲扇”“潮扇”“潮州扇”。鲎壳扇手工精细，彩绘儒雅，流行于清代至民国年间，主要为社会中上流人士使用。

潮州扇作为古代名扇之一，曾多次入贡朝廷，深得宫廷的喜爱。故宫博物院收藏的清中期牙柄绘人物潮州纸扇是一套扇中的一柄，纸

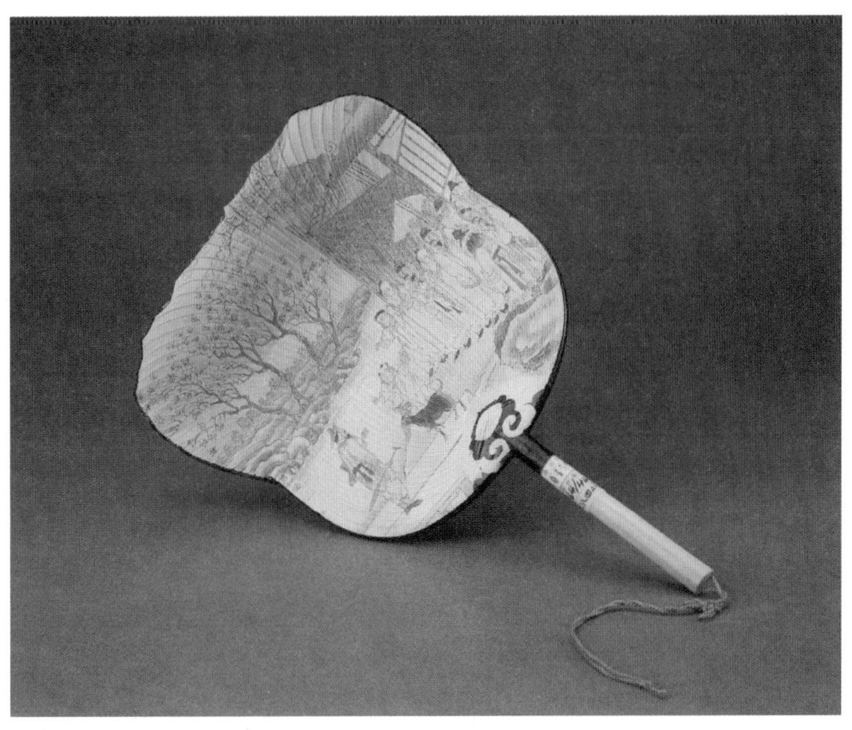

清代牙柄绘人物潮州纸扇（故宫博物院藏）

清代彩绘山水人物故事图象牙把潮州蓪壳扇（广东博物馆藏）

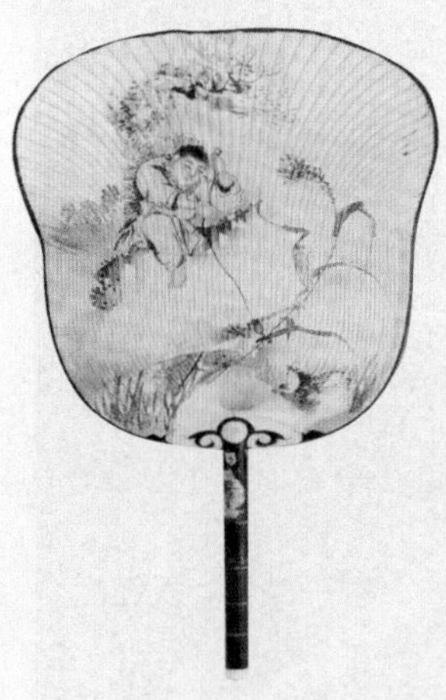

清代彩绘刘海戏蟾图竹把潮州蓪壳扇（广东博物馆藏）

质，牙柄，扇面作裙褶纹，为便于拢风而成内兜形，黑漆包边。通长32厘米，面宽21.8×21.5厘米。扇面绘百姓喜闻乐见的故事画，既有情趣又富有教育意义。扇面与扇柄交接处做成如意云头状。牙柄打磨得细腻光滑。更难能可贵的是，此扇还保留有原装的纸套，其上注明了产地和名号，为研究当时的潮州扇提供了宝贵的历史资料。

蓪壳扇起源的具体时间，目前难以稽考。但据清代乾隆、嘉庆间传世的小说来看，当年的闽南粤东一带，蓪壳扇已是可信手拈来的常见之物。在广东博物馆就收藏有两把清代的潮州蓪壳扇。一把是彩绘山水人物故事图象牙把潮州蓪壳扇，长29厘米，宽24.5厘米，象牙柄，竹编边框，63条竹制扇骨疏密有致，绢锦包边。扇面上以设色水墨彩绘文人休闲图：近处为庭院一角，5位文士或坐或立，悠然弹琴，沉吟诗句，旁有一茶童侍茶；近处背景设奇石一事，奇石之前后，芭蕉、修竹参差掩映；远处一抹湖山，一叶扁舟荡漾于潋滟水波之上；山峦上空，一只红蝙蝠翩翩而来。扇左侧有“杨仁开选庄”朱文款。另一把是彩绘刘海戏蟾图竹把潮州蓪壳扇，扇长25厘米，宽22厘米，扇骨和扇柄均为竹制，以细线将60枝极细匀的扇骨编排成扫帚状，两面糊纸，再以绢锦包边成扇。扇面彩绘刘海戏金蟾的故事情节。

不难想象，一把精细雅致的鲎壳扇在手，谈吐之间，一种温文尔雅的形象跃然而生。清末洋务先驱丁日昌曾写诗咏扇："薄如蝉翼曲如弓，制自金闺素手工。片片凉云清入梦，丝丝斜竹运成风。写来秦女乘烟去，感罢班姬已箧中。最恼元规尘万叠，九化障到遽匆匆。"有意思的是，在清代到民国年间的岭南地区，喜欢鲎壳扇的不仅有丁日昌这样有身份的官员，也有先进的知识分子，还有外国传教士、教会学校教员。鲎壳扇在清末至民国年间的华南地方社会中，已经和长衫、长袍马褂、唐鞋等服饰一起，成为一种象征儒雅的传统中国文化符号，以至于努力寻求基督教本土化的西方基督宗教人士，也入乡随俗地把鲎壳扇作为将其自身打扮成地方人士所认同的"先生""文士"等具有文化正统性的社会形象的"行头"之一。

潮安县立女子师范讲习所第一届毕业生合照（1921年的上海《妇女杂志》第12期刊载）

清末民国天主教传教士合影（美国南加州大学图书馆藏）

民国汕头女子学校的教员合影（美国南加州大学图书馆藏）

到了民国后期，鲎壳扇却陷入了黯然的停顿状态。20世纪60年代，蓬洲籍潮汕著名书法家陈赞廷（陈丁）曾向时任汕头市工艺厂厂长的乡人林子祥，以及该厂技术骨干、其弟陈赞伟建议恢复研制蓬洲扇，并由陈丁向汕头博物馆借得馆藏两把蓬洲扇供工艺厂作为样品，由陈赞伟向民国时期曾经制作过蓬洲扇的老艺人学艺，制作了一批样品，但未投入批量生产。林子祥之弟林景祥曾根据蓬洲扇的制作工艺，制作了一些可供家居摆设的大扇，进行了批量生产，在中国进出口商品交易会（广交会）上一度获得一些订单，但最后也归于沉歇。

“墙里开花墙外香”，在潮州无奈地成了“历史文物”的鲎壳扇，其制作工艺在四川省德阳市却由清末传承至今，并于2007年以“德阳潮扇传统工艺”的名称，被四川省人民政府、四川省文化厅授予“四川省非物质文化遗产”证书。每把德阳潮扇必须经过选材、扎扇框、拖竹丝、画扇面、成扇装裱加吊须等30余道工序。在20世纪中期，德阳当地有成片的街区都是做潮扇的店铺，有口皆碑的潮扇庄比比皆是，然而如今由于技艺繁琐费工，销售市场有限，难以动员年轻人传承，遍寻大街小巷也难觅其踪迹，当下能掌握潮扇整套制作技艺的人也不多。当笔者惊艳于清代潮州鲎壳扇的风雅精致，也憧憬着在历史上曾经名满天下的潮扇能够再现生机，焕发出新的时代价值。

二、花篮

花篮又称春蕊，是装礼品用的盛具。其大者如斗，小者如碗，最小者仅有鸭蛋大，是欣赏品。花篮是用竹篾编织而成的，画花鸟，打桐油，五彩缤纷，篮盖呈半球状，篮身呈圆柱状，拱状的提把像一道门，上方两端用藤丝缠绕成结，既能起到绑固的作用，又有着装饰性，中间上端有藤扎圆环，可提可吊，既能上盖又可透气，因而深受潮州民间百姓的欢迎。花篮是潮州地区一直以来广泛应用的民俗用品

花篮

及工艺品，如结婚、嫁女时阿舅掼油，盖新房屋入宅时请“老爷”，平时入宫拜“老爷”，丧事放纸等都必须用到。由于潮州花篮有着吉祥、喜气的象征，且制作工艺细致，竹质好，油料讲究，耐磨不易落色，经久耐用，便于收藏，因此质量好、细巧的花篮也是厅堂摆设、轿车吊物的装饰工艺品，也有一些收藏爱好者经常收藏各式新旧花篮。花篮还是旅居世界各地华侨回乡探亲、旅游首选的送礼、收藏、日用的重要物品。

三、竹榼

竹榼也称春榼，是盛礼物之器，可以装置猪羊饼食等大礼物。它与花篮一样是圆柱形，分三格，圆周直径40～50厘米，总高60～80厘米不等。它是花篮的扩大版，常是两只结成一对，可以挑担，竹彩绘内容与花篮同，唯编织与彩绘均较精，是殷户的用具和传家宝。

春榼

四、灯笼

丧事用白色灯笼，喜事用红色灯笼。灯笼上通常书写姓氏族望或者吉祥字。潮州的手工艺灯笼形态多样：正圆的、半圆的、斗形的、柱形的、柿形的、花瓶形的、橄榄形的、葫芦形的、菱形的、蜂箱形的、方形的……罩丝纸后彩绘龙虎狮象、花卉山水、仕女肥娃，此为潮州灯笼的特色，在旧社会作为游神的提灯、摆社的挂灯，都是人们借神游乐的一种形式。

灯笼骨架

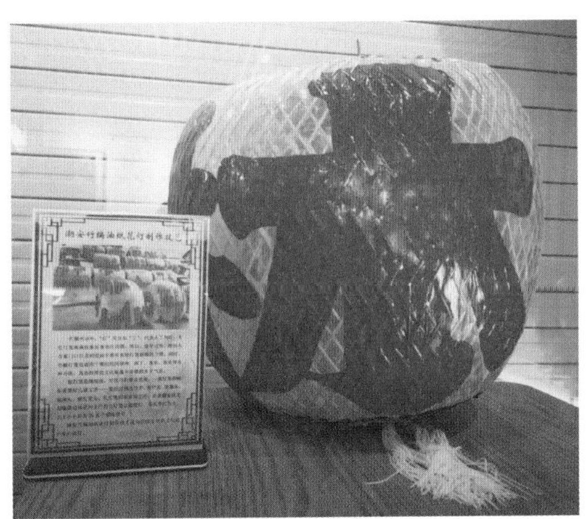

灯笼

五、鸟笼

鸟笼以毛竹为原料，经晒、弯、削、刨、钻、雕而成，形状有圆、方、斜、尖顶和六角5个品种、944个花色。低档鸟笼不雕花；中档鸟笼部分雕花；高档鸟笼以浮雕通雕手法，雕有龙、凤、福禄寿以及历史故事图案。鸟笼造型多样，最有特点的是三层八角塔形笼、嵌玉六角灯形笼、八角折叠宫灯笼、四方秀眼笼等。

六、首饰盒、梳妆盒、钱包

此类者是精巧小件，特点一是造型多样，有方形、圆形、椭圆形、心形、菱形、六角形、荷包形等；二是织工精细，篾小如发丝，面面编织图文，上釉后斑斓清雅，人们常买作工艺品收藏。

七、竹木贴盒

有圆、方、长方、三角、梅花、扇、桃子等形状的竹木贴盒，用以装茶叶、糖果、首饰、药材和酒等，用纸板或三夹板做胚，再贴竹木丝片拼成的图画，造型十分雅致。

八、竹帘画、花篮画

这是在竹帘或花篮面上彩绘上吉祥字画、花纹图案。

竹帘和花篮都是民间日常用品，历史未见有明确的考证，据传竹帘画始于唐代，盛于明代。明、清时代，潮州竹帘画以粉为颜料，勾勒填彩，主用粉黄、粉红、粉绿、粉蓝或粉橙等色彩绘；题材以人物、花鸟、博古为主，多以祥瑞为主题；其风格朴实浑厚，凝重清雅。竹帘画的表现技法有写意的，也有工笔的，写意的笔法简练豪放，墨色洒落；工笔的线条婉转多姿，工整精致，形象逼真。潮州民间普遍应用竹帘，竹器店都有卖彩绘竹帘。从前竹器店老板各自聘请民间画匠绘画，没有规模生产和少有精品，水平参差不一。新中国成立后，各地成立工艺美术厂（社），聘请画家和名匠进厂（社）作画授徒，规模化生产和精品才逐步出现。

潮州、汕头、潮阳、澄海、揭阳都是竹帘画的主要产地。竹帘画的制作要经过多道工序。首先要把竹子切削成小如灯芯的篾条，再对篾条作干燥防蛀处理，之后用纱线把篾条编织成有各种花纹的竹帘。编织时用力要均匀，使竹帘结构坚固严谨，剪边之后用人工逐张绘上不同的画图。

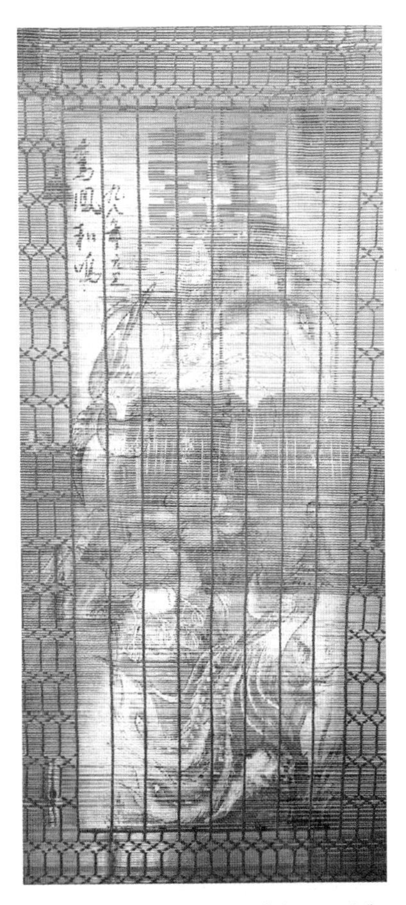

1998年绘的竹帘画《鸾凤和鸣》

潮州竹帘厂的竹帘质量一直很受海外客户的好评。该厂把竹帘画织进了竹帘：一种是去皮的篾青竹枝被精漂得色彩纯净，同时又保留一丝淡淡的竹子本色，显得素雅柔媚，然后用色加画；另一种棕白两色相间，就显得质朴醒目又大方。竹枝有圆有方，织纱有白也有五彩相间，织纱花纹图案清晰纤细，有的一个编号就有10种花色变化，如一幅小小的竹餐帘，编织的图案布满帘面，纤巧精细，纱色丰富多彩。该厂还把竹帘制作从原来的“二踏七行白帘”，发展为“二踏间色”“多踏提花”，并大大增加了竹帘画的图案，成为竹帘画中多姿多彩的重笔。潮阳仙城镇新城工艺厂也是生产竹帘画的名厂。该厂曾经绘制过许多传统题材，如“天女散花”“文君听琴”等精品。有一幅挂帘《熊竹》，画面背景是苍劲的修竹，大小熊猫在竹林下嬉戏。这幅竹帘画是画师赵南光绘制的。为了创作这幅竹帘图，他专程跑到广州动物园观察熊猫生活，绘出了10多幅有关熊猫生活的速写。有时为了创作一幅竹帘画，还要阅读很多书籍和资料。1985年，美国客商前来洽谈，要求挂帘和窗帘要绘上丹麦安徒生的童话故事内容，于是画师们一连几天阅读安徒生的童话著作。此后制作了100多幅内容各不相同的货品，美国客商非常满意，之后增加了一批订货。

1946年，香港美联行经营竹纱餐帘畅销世界各地。汕头联昌美记受其委托，在潮州生产素色餐帘，年产7万余打。1957年，林和降、林树东、陈群英、余海涛等人成立民办美术工艺厂，继续接受该行订货，并从香港传入喷漆帘画，1958年出口1.2万打。苏联和越南都派人前来该厂参观学习。

1957年，汕头市成立了工艺美术厂，生产部分素地竹纱帘绘画出口，同时仿制日本产喷漆竹帘画出口德国。1959年，为适应国际帘画需求量激增，采用了“雕通版刷”新方法。先将画稿复印于坚韧的纸板上，再对画面的形象细部进行分析和局部雕通制成雕通板，彩刷时，将版样固定在本板或桌面上依原画稿的形象和色彩的浓淡、虚实，使用扁笔、毛刷，分别运用轻、重、按、提等笔功，将原稿形象复印于帘面上，继而再由具有绘画基础的技工，用笔墨对画面的线、点、面等部位进行点缀加工，使画面统一完整。采用“雕通版刷”制作，大大加速了帘画的生产速度，职工日人均彩印量从原来的3幅增加到16幅，这是竹帘工艺生产的一次飞跃。

花篮画与竹帘画是同一类项的绘制工艺，只是前者绘在竹帘上，后者彩绘在花篮上。竹帘销售于海内外，而花篮这一民俗用物仅销售于本地和少数华侨。其产品也多由竹器生产者自绘或聘请民间画匠彩绘。也有彩绘得较精细的，如一些大竹樾，但传名的极少。作为工艺美术品，人们常只记起竹工艺而忽略了彩绘。

九、花灯

潮州花灯集彩扎、彩绘、剪刻于一身，特别是融合了潮州特有的潮剧、潮绣、泥塑等多种艺术元素，造型精巧多样，文化内涵丰富，

传统花灯

乡土特色浓郁，自成体系，别有一格，是古老潮州文化的重要体现，也是岭南灯彩艺术的奇葩，已于2008年被选入第二批国家级非物质文化遗产名录。潮州花灯可分为可吊可提的挂灯和装在台座上的屏灯两大类。挂灯用竹篾、铅丝、木板条搭成骨架，裱上纸帛，彩绘戏曲故事、四时花果之类的题材。挂灯形式多样，有圆鼓鼓的灯笼，典雅大方的宫灯，象征农家丰收的水果灯、鱼灯、动物灯、双喜灯、走马灯等。屏灯是装在台座上的人物花灯，可放可抬，便于参加游行赛会。

屏灯，也叫座灯、企灯、灯屏，是一种集彩扎、绘画、刺绣、泥塑、剪贴为一体的综合造型灯屏，一屏一景，以戏曲和历史人物故事为主要题材与内容，配以楼台亭阁、山水园林、动物而成一屏屏的景物，再装配灯光映衬。人物袍服多用绫绢丝绸制作，并绣饰金花艮边。屏灯在规格上，如果人物高度在80厘米以上，则头部用纸塑脱胎，饰以服发，涂以色彩，身体用竹篾、铅丝扎作，穿上薄料服装，腹中置灯燃亮，叫作“火灯”。如果人物高度在30厘米以下，头部便用泥土塑造，身体各部用竹、木、纸、草扎成各种动态，再穿贴上盔甲、袍带，叫作“纱灯”。还有一种会活动的花灯，叫“活花灯”，也叫“美景”。其中有由真人化妆打扮，以真混假的人物花灯；也有可摆可抬的“古董亭”，亭里主要陈列玉器古玩、名人书画、水仙金橘或奇花盆景。可以说，屏灯是潮州花灯工艺最精致的一种，以潮州城区为最著名。

潮州著名之彩灯（1929年《图画时报》第549期刊载）

挂灯，就是可吊挂可手持的彩灯，与屏灯的工艺差别在于屏灯是彩扎、彩塑的，而挂灯是彩绘的。挂灯名目繁多，有以形赋名的，有以用赋名的，有以料赋名的。以形赋名的有灯橱灯牌、龙凤灯、动物灯、水族灯、水果灯、水桶灯、鼓灯、花篮灯、萝卜灯等；以用赋名的有宫灯、庙灯、祠堂灯、家用灯、喜灯等；以料赋名的有萝卜灯、竹头灯等。挂灯以藤竹木及金属条片作框架，罩以丝纸绢帛玻璃，而后彩绘诗画图纹，再依造型需要镶嵌装饰璎珞、螺钿、珠串、铜片，使其古雅华丽。

清初以后，由于潮州城南门外青龙庙的兴起（庙祀“安济圣王”王伉），每年“安济圣王”出游，花灯鼓乐，盛极不衰。至清末，花灯还会集中展出进行评比，年复一年，精益求精，终使潮州花灯达到很高水平，闻名海内外。据记载，清末宣统二年（1910年），花灯艺人杨云楼、杜松以《红楼梦》《白孟玉》两座屏灯，参加在南京举行的南洋第一次劝业会并获奖。之后有蔡有南、陈典、杨子英、庄淑予、刘松海、刘子达、林乐笙、刘祥、周照轩、苏泽臣等人创作的许多花灯、屏灯，先后送国外展出。1928年，林乐笙等制作的《凤仪亭》《打金枝》等5座屏灯在新加坡展出，其后他们制作的《长坂坡》《水淹金山寺》《王昭君和番》《甘露寺选婚》《重台别》等10座屏灯被送到伦敦展览陈列。1935年，潮州花灯艺人为香港潮州八邑会馆制作《二气周瑜》《九曲黄河阵》两大屏灯。同年，《皇姑考察》《狄青取旗》等5座屏灯被送往加拿大展览。

由于社会风尚的改变和节俭意识的提升，大规模的游神赛会活动已不复存在，但潮州花灯作为节日公共游乐场所的主要美化和装饰项目，依旧为人们带来欢乐。新中国成立以来，潮州花灯多次参加全国性或地区性展览。省内外举办的灯会也多次邀请潮州参加。1953年在武汉举办的中南区民间美术工艺品观摩会上，展出林乐笙、林汉彬制作的《水淹金山寺》《荷花舞》两座屏灯。1961年，刘敬之等为电影《荔镜记》配制4屏花灯。同年，在广州文化公园举行的中秋全国灯展会上展出潮州花灯《陈三五娘》《狄青平南》。1964年，潮州花灯《三打祝家庄》参加全国21省、市花灯巡回展览。

花灯活动在“文化大革命”期间被作为“四旧”受到破除，中共十一届三中全会后才出现生机。潮州工艺二厂的花灯艺人林汉彬、刘敬之继承、发扬民间花灯的传统技艺，创作大型机械转动纱灯，活现戏曲故事的场面，在造型和制作方面均有大的突破。1980年春节，在广州越秀公园展出潮州花灯《天女散花》，其高达4.5米。1991年元宵节，潮州市举办“潮州灯火耀名城”活动，市区8个展区展出了形式各具特色的大小花灯1000多盏，其中《狮贺太平》《王果迎宾》《鱼乐争珠》《马到成功》《三阳开泰》等寓意深长的花灯颇受好评。1992年，潮州市举办元宵联谊活动，由林汉彬、刘敬书、林汉臣等工艺师制作的《孙悟空借宝》等11座屏灯在西湖公园展出，吸引了大量群众和海内外嘉宾。2011年元宵节，潮州市举办“团圆灯火，福满潮州——2011中国·潮州花灯节”，数以万计的人从潮州乃至周边各市挤向潮州古城观赏。当晚，从点亮主观礼台的宫灯开始，瞬间点亮广济门广场的大型花灯，随后滨江长廊上数以万计的花灯和景观灯、照明灯等各种灯饰都同时点亮，形成“火树银花不夜天”的景象。之后还举行花灯巡游活动，路线总长度约3.2公里，约有1000名表演人员参加，分为12个方阵。巡游队伍采用潮州传统游灯“龙头凤尾”的列队阵式，以威武昂扬的舞龙方阵领先，以翩翩起舞的凤凰灯方阵结尾，寓意“好头好尾”、四季平安。

十、竹帘

竹帘有门帘、窗帘之分。选取上等竹材，经锯、剖、切、刨、开、烘等半机械化加工和防蛀防霉处理，制成规格化的竹帘枝之后开织，这是个基础工序，是决定竹帘质量的关键；然后是彩绘图画。潮汕各地竹帘生产单位，彩绘水平都较高。不少知名画家也参加竹帘的彩绘，如蔡光远、周振寰、麦薇子、余少良等，都曾是竹帘画的名师。竹帘深受人们喜爱，其通风透气，又能起到遮掩的作用。竹帘的设计充分利用了光的反射原理。从竹帘外向室内看，什么都看不见；从竹帘内向室外看，能够清楚看到外面情况。

竹帘在民间使用甚广，1946年潮州东门街、下水门街一带，就已有私家用简便的“手绊”方法织竹帘出售。1956年潮州已有几个竹餐

竹帘

竹帘

卷起的竹帘

帘生产组生产出口，发展成为颇具规模的潮州竹帘工艺厂，从原来的手工脚踏操作发展到半机械化、机械化，从简单的“二踏七行白帘”发展到“二踏间色”“多路提花”“画帘”等多种款式。较大宗的产品有：餐帘（有300种花色）、2272货号大帘、2268货号大帘。竹帘既是日用品又具有艺术特色，长期以来，畅销欧美各国，1985年销售额达150多万元，达到企业历史最高水平。潮安竹杂工艺厂1974年也开始生产竹卷帘出口，逐年增大，年产值10多万元。1987年以后，帘艺制品的生产企业主要有潮州市帘艺总厂。帘艺总厂生产的竹门帘具有帘面平衡笔直、帘枝排列整齐、间距符合标准、帘线织结紧密的特点，颇有艺术感。

古朴大方实用的竹珠帘也颇受人们喜爱。其是用上乘竹材按规格处理的竹枝、榄核、苦楝籽等原材料，经切磨、防腐、漂洗、钻孔、上漆等工艺处理后，用尼龙绳或胶丝绳，按照设计的图样级串起来的珠画帘。

潮州远近闻名的竹帘专业村——潮安鹳巢的鹳一埔头自然村，现在村里还在坚守编竹帘的人已经不多，林树标是其中的一位。据他介绍，埔头村做竹帘的手艺是祖先从福建移民时带来的，至今已有300多年的历史。当初这项手艺鼎盛时期，全村有七成人在编竹帘。因为有编竹帘的传统，以前外乡姑娘嫁到这里，第一件事不是学做粿品，而是要跟着婆婆学编竹帘。埔头地处潮汕路旁，交通非常便利，所以当时埔头竹帘可以说是遍销潮汕，最辉煌的时期是在20世纪六七十年代，曾有山西客户一次性订购几万幅竹帘。当时人们除了挂竹帘用以防暑防蚊，还把竹帘用于很多民间习俗，如新厝入宅的时候就都得挂新竹帘，取日子如竹节节高之意，还有嫁娶喜事一般也要挂新竹帘。家门口挂着帘，拜访的客人就不能随便进入。过去潮州人经常说“数簿蚊帐帘，随便孬散掀”，意思是门帘和账本、蚊帐都不可随意掀开。随着社会的发展，如今埔头的竹帘已经风光不再。一方面是因为市场萎缩，现代的铝合金门、纱网门代替了传统的竹帘；另一方面是因为编竹帘盈利少而且制作费时费力。近几年，潮州古城的民宿蓬勃发展，在一些民宿里还能见到典雅的竹帘。

十一、竹丝编织画

竹丝编织画也称篾织画，是一种以极为纤细的竹丝经手工编织成画幅的艺术品，其制作技艺极为细密精巧。先把竹片削成细如线、薄如纸的竹篾丝，并染成不同颜色，按照设计图纹要求，织成平面美术作品。潮州竹丝编织画以纤巧精细著称，在民间广为流传，其作品色彩古朴淡雅，自然和谐，有浓郁的乡土气息、较高的艺术欣赏价值和收藏价值。其编织方法是用黑白两种或两种篾片挑压成画面，一般以黑白两种颜色篾片挑压交织成图案形象。所编织的物象具体明快，如通锦绣般，若隐若现，富有变化和动感。多以花卉、雄鹰或山水风景为题材，是一种技艺极为精细、巧夺天工的民间工艺品。夏荣居是竹丝编织画的著名艺人之一，其创造了黑白两织全的手艺，使画面黑色的线条和块面反映到背面则变成了白色，反之，正面为白，背面为黑，使其黑白分明，对比强烈，加强了画面的审美效果，使之题材更为广泛、艺术更为精湛。其制作的郑板桥《石竹图》，分剥了1.7万多条竹丝，是长72厘米、宽27厘米的条幅画。此作品既保留了郑板桥作品的神韵，又富有竹丝编织精品的工艺价值，在2003年广东省首届民间工艺精品展和第三届亚非拉手工艺品博览会暨中国工艺美术·民间工艺品博览会上荣获银质奖。

十二、上漆鱼竿

1982年，潮安竹杂工艺厂推出新产品——上漆鱼竿。取材原条桂竹，经手工修整削刻、煮浸、浇净、上漆而成。产品分为疏节、密节两种，长度为10英寸、12英寸、14英寸、16英寸、18英寸、20英寸，主销美国、加拿大等国家，1983年出口27万支。

十三、香枝

香枝是潮州竹制品的传统产品，潮州先民用于“制香”，供奉佛堂、拜神、祭祖，兼之小贩截串食品之用，产品内外兼销。目前生产的香枝分为两种：一是毛枝（俗称“竹帘枝”），四方形，横截面积1.6平方公厘，销售香港地区和东南亚国家；二是鱼枝（也称“卫生枝”），四方形，横截面积4平方公厘，属内销产品，供卫生部门制“棉枝”、供生产“卫生香”之用。

十四、竹编动物工艺品

将竹子劈、剥成各种规格的篾片、篾丝，经漂洗、防腐等多项工艺处理，运用编、插等技艺，将竹编动物与盒、罐、篮等巧妙地结合起来，使之既是欣赏品又是实用品。在动物竹编造型上，艺人通过自己对自然界动物的观察，抓住其动势、神态和特征，采用艺术夸张和概括的手法，突出其主要特征部分，达到形简神显的效果。如一只背部有盖，可以盛放糖果的“孔雀篮”，用5厘米宽的篾片和1毫米的竹丝编织，极其简练地刻画了孔雀的形象特征，在两侧插上5根篾片表示翅膀，下贴雕刻的脚；后面插上15根长短不一、高低有序的篾片作为尾毛；在孔雀头连接圆盒之处插有上、下两层相叠的片作为颈部羽毛。这些手法既洗练又生动，此外还在孔雀头、眼、嘴、冠、羽毛、翅膀、脚等的篾片加上颜色，装饰趣味十分浓厚，让人在使用中得到艺术享受。而“鸡”“鸳鸯”这两个盒巧构精思，大胆夸饰，由上、下两部分组成，上为盖，可启合。高9厘米的“鸳鸯盒”上、下部以篾片为主，嵌接之处的内面用宽1厘米、厚5毫米的篾片作圆圈，外面边缘用1毫米的篾丝编织，头、背及底同样用篾丝，在头的中间插一篾片至背，使其既美观又牢固。此外再配上嘴、眼及用染上红色的篾片插在两侧、后面作为翅膀和尾。“鸡盒”就显得更为简洁，除了在上、下嵌接口的内面用篾片作圆圈外，其他的都用篾丝编织，再点缀染上红色的篾片作为眼圈、嘴、冠、肉垂等。这些工艺品既保留动物本身的特征，又体现出竹编的特点，显得生动而有趣、质朴而新奇。再经上油漆，使其光洁、牢固和结实。

第三节　潮州竹雕

竹雕，是在竹制的器物上雕刻多种装饰图案和文字，或用竹根雕刻成各种陈设摆件，佛像、人物、蟹或蟾蜍之类的一种欣赏价值很高的工艺品。竹子本身质地就非常坚韧，而且纹理致密，是用来雕刻工艺品的一种理想材料。

竹雕的雕刻技法有：圆雕、浮雕、薄雕、镂空雕、透雕、阴雕、镶嵌。竹雕与漆器、建筑相结合为主，擅长透雕、薄雕及镶嵌技法，作品讲求布局和透视，立体感强，刀法灵利。

竹雕的主要品种有：人物、动物、花鸟、面具、竹雕等。人物类产品，以仙佛及古代、现代人物为主，多为圆雕。动物类产品，以常见动物为主，有虎、狮、马、象、熊、龟、鹤、金鱼等10余种，也多为圆雕，作为摆设欣赏品。花鸟类产品，采用国画构图以薄雕、浮雕、透雕、镶雕或圆雕的技法雕刻而成，多作为建筑雕刻，或与漆器结合的屏风装饰等。竹雕类产品，以花鸟、动物、花架题材居多，作品利用盘根错节的主干与竹根，相形度势，略施刀斧，作品讲究神似，似是而非，融自然美与艺术美为一体，雅俗共赏。

留青是利用薄似纸张的竹皮（包括竹青、竹筠、竹底）不同层次颜色表面，应用刀法创造出立体与平面透视相结合的竹青层雕刻艺术形象，铲去空白处的竹青，露出肌层作为画面底色。由于雕刻时留着具体物象的竹青，故名“留青”，竹刻史上也称“皮雕”。

学术、考古界多认为，远在笔墨纸砚发明之前的原始社会，汉族先民们就学会用刀刻字记事。这种最原始的竹雕，应该先于甲骨文。远古时期，中原、北方地区鲜有竹子，所以用兽骨刻写，南方盛产竹，就将符号或文字刻在竹上。但是竹器很难保存，故今天我们还能看到殷商时代的甲骨文遗物，却很难再见到当时的竹雕作品了。但根据古代文献上的记载，中国竹雕艺术的源头，早在商朝以前就已出现。据汉代戴圣《礼仪·玉藻》记载，西周君臣朝会时手中所持的笏（又称手板），有的就是竹片制成的，“凡有指画于君前，用笏。造受命于君前，则书于笏”。只是官位不同，笏的材质也不同，“天子以球玉，诸侯以象（牙），大夫以鱼须文竹、士竹、木象可也”。士大夫所持笏，均系竹制狭长板子，这种笏上面还都刻有一些纹饰，虽然还谈不上是一种工艺品，但毕竟反映了先秦时期人们已经重视对竹子的使用，并能削制或琢刻出一些简单的成品。与笏几乎同时出现的还有竹简。在考古发掘中，这类用以记载文字的竹简多有发现，如《孙子兵法》、记载医药处方的竹简等。除此之外，竹扇、竹制笔杆、竹制枪杆、竹篮、竹席、竹盒等也应有尽有。汉朝竹雕，目前见到较早的器物，是湖南长沙马王堆西汉墓出土的雕有龙纹的彩漆竹勺。这件浮雕龙纹髹漆竹勺，全长65厘米，勺柄近顶端一段为红色，浮雕一条乌黑的龙，形象生动古朴。及至晋代，便出现了竹制的笔筒。南北朝时期，据《南齐书·明僧绍传》介绍，齐高帝萧道成曾将一件用竹根雕成的“如意笋箨蔻”，赏赐给当时的大隐士明僧绍。北周文学家庚信《奉报赵王惠酒》诗“野驴然树叶，山杯捧竹根”，也提及用竹根雕制而成的酒杯，说明南北朝时期已出现根雕艺术。竹器的形象雕刻工艺始于唐代，其中最有名的是刻有人物花鸟纹的竹制尺八。尺八是一种竖吹的管乐器，因管长一尺八寸左右而得名。现存日本国正仓院的中国唐代竹制尺八，长43.6厘米，吹口口径2.32厘米，三节，避体纹饰，正面有压孔5个，背面1个。这件尺八采用留青刻法，施阴文浅雕，压孔四周及节上下均有图案花纹。管上分布仕女、树木、花草、禽蝶等图像，刻画极为精致，具有唐代风格。唐代以后，竹雕刻工艺的名家辈出，见于记载的有宋代詹成、明代朱松邻祖孙三代为代表的上海嘉定竹刻派和金陵的李文甫、濮仲谦等。竹雕的发展高峰是明清时期，雕刻技艺不断创新，艺术名家接连涌现，致使竹雕艺术大大超越了历朝历代，成为我国工艺美术史上的一朵奇葩。清末至民国初期，出现北京张志渔开创的北派竹刻。清代中后期形成了湖南邵阳、四川江安、浙江黄岩、福建上杭等地的竹黄雕刻，成为竹雕刻工艺的主流。

竹雕工艺，又称竹刻，是潮州民间的传统工艺之一。旧时，潮州竹雕的发展与潮州木雕的发展紧密相连。潮州盛产毛竹，其质理坚细宜作雕材，宋室南迁之后大批工艺师流徙粤东，利用竹雕工艺为生的为数不少。明代中叶以后，潮州大兴建造祠堂庙宇之风，特别是因为潮州人在朝当官者众多，回家乡建筑三进座庭院式民居者比比皆是。厅堂门柱竹刻装饰成风。在竹片上刻成人物、山水、花鸟，无不生动而意趣盎然。还有一些擅长金石、书画者也兼刻竹，如楹联、笔筒、挂壁等，作品讲求书法画意和刀法，堪称精品。清初以来，随着潮州木雕镂通雕刻技艺的娴熟，给竹雕工艺带来了潜移默化的影响。今潮州市博物馆收藏的酒壶、香炉、香筒等竹雕工艺品，无论是阴文浅刻抑或雕镂技法，都很成熟，同潮州木雕有异曲同工之妙。到近代，潮州竹雕与浙江东阳竹雕，以及福建的武夷山、莆田、三明、宁德竹雕，并列为中国竹雕三大产区。潮州竹雕以透雕见长。透，意为穿透。透雕又称通雕。通，意为贯通。有在浮雕基础上镂空其底版使图像空灵突出，分为单面镂空雕与双面镂空雕；有在圆雕基础上作镂空透雕，雕出内层的景物；也有平面多层透雕，多的可达五六层。新中国成立后，潮州市工艺美术研究所为恢复和

民国锯通雕金漆竹酒壶（潮州市博物馆藏）

民国锯通雕金漆竹酒壶（潮州市博物馆藏）

香炉（潮州市博物馆藏）

香炉（潮州市博物馆藏）

香炉（潮州市博物馆藏）

发展竹工艺，组织艺人进行挖掘、整理、总结，从而创新竹雕香笼、笔筒、烟缸等刻工精致的竹艺品。其中1979年余俊英制作的大型镂通圆雕《乾坤瑞气》（70×30厘米），利用毛竹头的天然形态，巧妙地刻画了九条飞龙腾跃于飞仙之上，海阔天空，自由翱翔。作品构思巧妙，技艺精湛，堪称竹雕之佳作。在收藏市场上，人们习惯上把竹雕和木雕、牙雕、角雕收藏品归为一类，统称为竹木牙角器。潮州市申报的潮州木雕项目，已于2006年入选第一批国家级非物质文化遗产名录，及后揭阳市、汕头市申报的潮州木雕项目，于2008年入选国家级非物质文化遗产名录。今日，潮州木雕技艺主要流行于潮州市湘桥区意溪莲上村、西都村。清末时，因为一位名为张愚的木雕大师的无私培养，使得莲上村成为远近闻名的木雕村，家家有木雕作坊，户户有木雕师傅。张愚的衣钵后来被同乡张鉴轩接过，而张鉴轩和徒弟陈舜羌则因为改进创作圆雕《蟹篓》，为潮州木雕在1957年捧回了第一个国际大奖。1980年，工艺美术大师陈舜羌退休回到家乡莲上村，在他的主持下，办起莲上石砚木雕厂，主要制作石砚、竹雕、根雕等出口工艺品。陈舜羌的儿子陈培臣13岁起便跟着父亲学习木雕技艺，屡屡在各型展览中摘金夺银，2013年荣誉“中国工艺美术大师”称号。陈培臣的儿子陈树东也接过祖父的刻刀，陈家第三代也时有力作。陈舜羌、陈培臣、陈树东三代人都曾参与过北京人民大会堂广东厅的木雕装饰，多件木雕作品收藏于人民大会堂。在潮州木雕蓬勃发展的现在，潮州竹雕曾经举世皆知，现在却日渐被人遗忘，技艺传承也处于濒危状态。

民国浮雕人物故事竹香筒（潮州市博物馆藏）

第四节　潮州竹制乐器

我国古代很多乐器如笙、箫、簧、管、竽、笛、笳、箜篌等，都是用竹制成的。中国乐器的起源和发展，与竹子密不可分，古籍中提及音律的起源与竹子相关。《吕氏春秋·仲夏纪》记载伶伦为黄帝时代的乐官，相传其乃中国古代发明律吕、据以制乐的始祖，即中国音乐的始祖。《吕氏春秋·古乐》称："昔黄帝令伶伦作为律。伶伦自大夏之西，乃之阮隃之阴，取竹于嶰溪之谷，以生空窍厚钧者，断两节间，其长三寸九分，而吹之以为黄钟之宫，吹曰舍少。次制十二筒，以之阮隃之下，听凤皇之鸣，以别十二律。其雄鸣为六，雌鸣亦六……"南宋王应麟《三字经》也有记载："匏土革，木石金，丝与竹，乃八音。"从文献可知，古代乐器多为竹制，主要竹乐器有竹管、竹笛、排箫、洞箫、二胡等，笙和胡琴则是以竹材与其他材料配合制成。宋代孟元老《东京梦华录》卷十《驾诣郊坛行礼》云："又有大钟，曰景钟，曰节鼓；有琴而长者，如筝而大者，截竹如萧管两头存节而横吹者；有土烧成如圆弹而开窍者，如笙而大者，如萧而增其管者。有歌者，其声清亮，非郑、卫之比。""乐作，先击柷，以木为之……一曲终以破竹刮之。"从上文可知晓：宋代节庆，有"截竹如箫管"两头带节而横吹的竹乐器，以及现今无法知晓如何操作但确实存在的"以破竹刮之"的音乐形式。卷六《元宵》曰："大内前自岁前冬至后，……游人已集御街，两廊下奇术异能，歌舞百戏，鳞鳞相切，乐声嘈杂十余里。击丸蹴鞠，踏索上竿。……党千萧管。"踏索上竿是一项走高空悬索和爬竿的技艺。"党千萧管"与演奏有关，演奏的乐器是竹制的箫管。箫管也被认为是"尺八管"。

潮州是潮州音乐的中心和发祥地，其源头可追溯到唐宋之际，至

潮州音乐

明清时期发展成熟。演奏潮州音乐的乐器中，也多是竹制的。如今潮州音乐的竹制乐器，主要为笛、箫，以及二弦、二胡、椰胡等演奏时采用的弓。潮州音乐主要特点是古朴典雅、优美抒情。它的主要乐器是二弦、二胡、扬琴以及锣鼓等打击乐器。潮州音乐保留了很多南音古韵，日益为世界所关注。潮州音乐源于当地民歌、歌舞、小调，并吸收弋阳腔、昆腔、秦腔、汉调、道调和法曲诸乐的素材，兼容并蓄，自成一类。它蕴藏丰富，品种繁多，大致可分为广场乐和室内乐两大类。前者包括潮州大锣鼓、外江锣鼓乐、潮州小锣鼓、潮州花音锣鼓、潮州八音锣鼓，后者包括笛套古乐、潮州弦诗乐、潮州细乐、潮州庙堂音乐等。潮州音乐还广泛流行于粤东、广州、闽南、上海、台湾、香港、澳门各地及东南亚各国和潮人聚居地。2006年5月20日，潮州音乐经国务院批准列入第一批国家级非物质文化遗产名录。

一、笛子

笛是古老的中国乐器，是中国乐器中最具代表性、最有民族特色的吹奏乐器。笛子由于地域的关系，演奏方法形成两大流派：一为南派，一为北派。就技巧而言，南曲出手颤、叠、振、打；北派拿手吐、滑、剁、花，因此形成了不同的演奏风格。笛子既可以合群而奏，也可单独演奏；既可表现典雅优美、委婉悲切之情感，也可以表现慷慨激昂、欢乐热烈之情景。

距今大约4000多年前的黄帝时期，黄河流域生长着大量竹子，人们开始选竹为材料制笛。《史记》记载："黄帝使伶伦伐竹于昆篌、斩而作笛，吹作凤鸣。"以竹为材料是笛制的一大进步，竹比骨振动性好，发音清脆，也便于加工。汉代许慎《说文解字》记载："笛，七孔，竹箫也。"秦汉时期已有了七孔竹笛，并发明了两头笛，蔡邕、荀勖、梁武帝都曾制作十二律笛，即一笛一律。随着宋词元曲的崛起，笛子成了伴奏吟词唱曲的主要乐器。按伴奏剧种不同分为曲笛、梆笛两大类。笛子高音区具有高亢、激越、悠扬、磅礴之气势；中音区有幽雅、清丽、委婉之柔情；低音区有古朴、幽逸、扎实之宽厚。明代和清代前期，笛子进入潮剧乐队。当时魏良辅改革昆山腔，创作了委婉多姿的"水磨腔"成为昆曲，完善了伴奏乐器，这时昆曲的伴奏乐器已有笛、笙、琵琶、三弦、鼓、锣和钹等。而笛子成为昆曲伴奏的主奏乐器。潮剧受昆曲影响是十分深刻的，在潮剧称为"雅调"时期，不仅吸收了昆曲的剧目、唱腔，而且搬用昆曲的演出规范。这一时期，潮剧主奏乐器正是笛子，潮剧舞台定调至今仍然称为

笛子

“三孔”“四孔”“五孔”等，这是以吹管乐器作为主奏乐器，也作为音高定调标准而遗留下来的习惯用语。

潮州笛子作为潮州音乐特别是潮州弦诗的演奏和潮剧舞台的伴奏，起着很大的作用。

潮州笛仔是一种独特的潮州民间乐器，它在潮汕地区被称为“笛仔”，传说老一辈人称其为“品仔”。它体积小，声音高，音域宽，但又不像高音曲笛那样高尖和明亮。它身长约40～50毫米，直径15毫米左右，主要用于潮州弦诗和潮剧演唱的伴奏。潮州笛仔的吹奏方法与普通竹笛的吹奏有着明显的不同，它在运气上更为讲究，注重气息的均匀、口型的控制，减少腹震音和波音的出现。在演奏过程中，特别是潮州弦诗的演奏，它的手法多为加花、叠字和移高八度演奏。潮州笛仔作为潮剧音乐的特色乐器，以它独特的音乐表现形式活跃在潮剧乐队之中，特别是近年来潮州音乐的崛起，使笛仔这件古老的乐器更加发扬光大，独树一帜。

二、箫

箫相传自古代西域羌族传来。笛是横吹的，与它相似而直吹的便是箫。相传，箫为舜所造。当时箫的名称叫“参差”，就是“参差不齐”的意思。这是因为古箫是多管排列（即排箫），为了使音高低不同，管的长短也就不相同，故名“参差”。

箫分为洞箫和琴箫，皆为单管、竖吹，音色圆润轻柔，幽静典雅，适合于独奏和重奏。它一般由竹子制成，吹孔在上端。按“音孔”数量区分为六孔箫和八孔箫。六孔箫的按音孔为前五后一，八孔箫则为前七后一。八孔箫为现代改进的产物。

箫

三、二弦

二弦

二弦流行于广东粤东、福建闽南、上海、香港及东南亚等潮汕人比较多的国家和地区，是潮州音乐和潮剧音乐的领奏乐器，琴筒木制，蒙以蛇皮，内线为丝线，外线为钢线。演奏者俗称头手，指挥乐队的文畔，与二胡是非常不同的乐器。

潮州二弦的形成约有200多年历史，由古代拉弦乐器奚琴演变，经过大广弦、竹弦、剑麻根弦，最终在梆子腔剧种影响下形成。潮州二弦为高音乐器。其结构有弦筒、弦杆和弦轸，均用乌木制成。弦筒长约11.7厘米，前圆直径为5.7厘米，后直圆为7.8厘米，前圆孔蒙蟒皮，弦杆长78厘米，用细长坚实的石竹，张以马尾，长约84厘米。演奏方法以指压弦发音，技法多吸收自古琴，出音行韵，讲究吟揉绰注，弓法丰富，有“文武病狂，画眉点珠”等。演奏姿势有继承传统的双盘腿式，平行腿式、盘腿式和夹腿式等，具有独特的演奏风格。

四、二胡

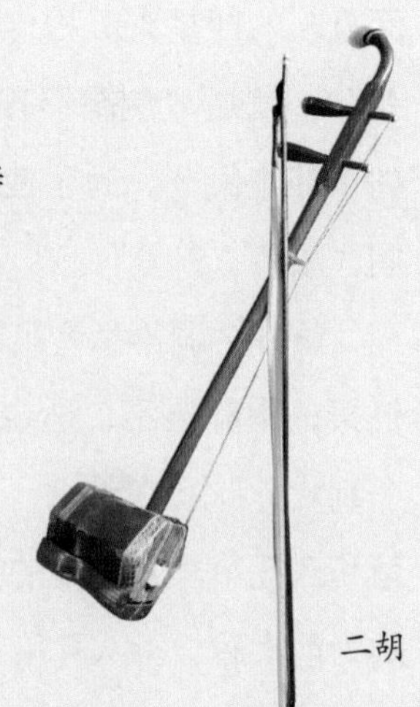
二胡

二胡是我国优秀民族传统乐器中具有特色的乐器，它的音色深厚、甜润、纯正而雅致，能给人以悦耳动听、刚劲而秀美之感，可表现各种情调的曲调、音型、长音等。关于二胡最早的记载是在宋朝，称二胡为胡琴或南胡。沈括《梦溪笔谈》称“马尾胡琴随汉车”，这是最早关于胡琴的文字记载。唐宋时期凡来自北方或西北方的拨弦乐器均称琴，再向前推，春秋时期许多乐器无具体名称，统称琴。据说，黄河以南的民族称北方民族为胡人，这个拉弦乐是北方传来的，认为是胡人制造，所以称胡琴，因为是用二根弦拉奏，所以又称二胡。《元史·礼乐志》有这样一段文字：“制如火不思，卷颈龙首，二弦，有弓捩之，弓之弦以马尾。”明代尤子求《麟堂秋宴图》所绘的胡琴图与现在的二胡很相似，即卷颈龙首，二弦，用马尾拉奏，并置有千斤。二胡在明清时代的民间就广为流传。现在的二胡制作大都不采用“卷龙首”，而是半月牙弯形状，共鸣箱有六角、八角等多种形式，琴筒蒙以蟒皮，筒上装琴杆，杆顶设二木轸，木轸至琴底张弦，以竹张弓，马尾纳二弦间。演奏时，左手按弦，右手拉弓，使马尾与琴弦摩擦而发音，定弦为五度。有时为了表现地方特色也有用四度定弦的。潮乐中的二胡在演奏上基本遵循现代二胡的演奏方法，由于潮乐独特的音乐风格与艺术特质，潮乐中二胡的技巧也有所不同。

五、椰胡

椰胡又称冇弦。《清朝续文献通考》中载有：“潮提，乌木柄，椰壳为槽，蛤蟎壳为柱，与二胡等。发音甚静而平和，亦粤乐器。”潮州椰胡别具一格，用半球椰子壳作弦管（音箱），配上一支贝壳装饰的弦杆，还有一个蚌壳来作弦码，原弦筒用葫瓢，习惯又称瓢弦。张有两条丝弦。琴弓用细竹制杆，两端拴以马尾为弓毛。其音色纯

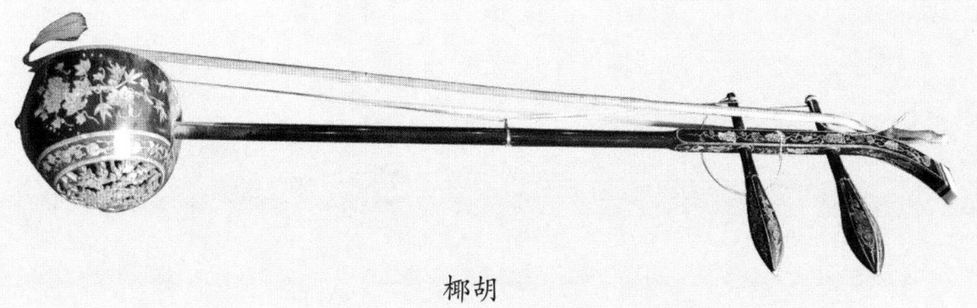

椰胡

厚、柔和，是潮州民间音乐特有的乐器。椰胡音域约两个八度，音色柔和淳厚，富有地方色彩。椰胡也用于民间传统乐种广东音乐、潮州大锣鼓、福州茶亭十番音乐、闽剧、闽南十音、福建龙岩静板音乐以及永定、上杭等地的十班音乐等，还用于广东潮剧、潮州弦诗等多种戏曲和曲艺伴奏。

六、大冇弦

大冇弦形似椰胡，形体比椰胡大。弦筒呈半球状，松质木料制成。琴弓用细竹制杆，两端拴以马尾为弓毛。定弦“F”“C”，音色低沉，是潮州民间音乐低音乐器。

七、提胡

提胡筒呈六角，蒙以蛇皮，音色与广东高胡接近。琴弓用细竹制杆，两端拴以马尾为弓毛。演奏时用高音区域，富有特色。常用于潮州弦诗乐和潮剧伴乐。

八、简板

简板又称剑板，为竹制打击乐器。其由两根长约65厘米的竹片组成，用左手夹击发声。演奏时唱者怀抱渔鼓，左手持剑板，右手拍打渔鼓筒底，以伴奏“道情”。简板也有木制的。

第五节 潮州竹笔

一、中国竹笔历史

中国的书写工具历来为人称道，书写材料亦别具一格且饱富创见，而竹在其中起着不可或缺的作用。竹笔是硬笔书写阶段的首要书写工具，演进成后世的毛笔。在软笔书写阶段，竹又是毛笔的主要构件，自古受到文人墨客的青睐。

根据史料推测，毛笔脱胎于竹笔，所以肇始之初就是以竹为管，也即竹管毛笔。其他各种材质的笔管也相继出现，但竹管始终占据主要位置。竹笔蓄墨性差，书写欠流畅，无法满足时下的书写需求，人们就开始对其进行改良。早期的竹管毛笔由此诞生，并很快取得了主导地位。中国历史上硬笔书写阶段从此过渡到软笔书写阶段。目前已知最早的竹管毛笔实物之一出自左家公山楚墓。由于桌、椅的普及，人们的坐姿变得从容舒适，写字作画的毛笔也由单调的坚挺向上朝软熟、散毫、虚锋等多样化方向发展，涌现出多种多样的毫材，但以竹为笔管却一如其旧。文人墨客大多爱用竹管毛笔，苏辙在《子瞻寄示岐阳十五碑》中云“何年学操笔，终岁惟箭笴”，恰好反映了这一历史实际。

毛笔的制作材料异常丰富，除竹管外，还有十数种之多，皆非珍即贵。其中不乏受宠一时者，如麟角笔管曾是晋武帝时代的赐品；松枝笔管因唐朝诗人司空图隐于中条山制作而名扬一时；唐代书法家欧阳通以象牙、犀角为笔管；而象牙、水晶、玳瑁等都曾是明朝天子的御用笔管。但只有竹管能历尽几千年的沧桑，自始至终备受人们的喜爱。这一文化现象并非偶然，这既可以从实用功能上找到合理的解释，又可以从中国传统文化中发掘出其存在的因子。

二、竹笔的特点

一是便利好取。《诗经》中《卫风·淇奥》曰“瞻彼淇奥，绿竹青青”，《小雅·斯干》曰“秩秩斯干，幽幽南山。如竹苞矣，如松茂矣”，说明先秦时，无论南北均遍布竹林。之后，北方竹子逐渐减少，但南方始终是翠竹森森。古今不少笔管，相较竹管，更显华贵优质，譬如象牙、玳瑁，因原料所限未能得到广泛应用。竹子因生长快速，广植南北，尤可显出竹管毛笔便利好取这一优势。

二是易于加工。笔管需像南齐王僧虔《笔意赞》中所说的“心圆管直”。选择自然形态逼近竹管的竹类，加工难度会大大降低。如湖笔笔管的主要材料鸡毛竹，产于浙江天目山北麓，高仅 15 厘米，结稀杆直，杆内空心小，稍加修凿就能制成上乘笔管；另一种分布于我国长江流域以南的水竹（又称烟竹），竹竿一般高 1.5 米左右，直径3～5毫米，坚韧细直，天然就是制作笔管的优质材料；还有斑竹（又称湘妃竹），主要产于浙江、湖南、广西等地，茎匀杆直，配以紫褐色的圆斑纹，别具韵味，成为湘笔等名笔的理想制作材料。

三是轻捷便用。人们在长期书写实践中意识到，笔管贵在轻捷便用，而非名贵华丽。东晋大书法家王羲之在《笔经》中指出：“昔人或以琉璃、象牙为笔管，丽饰则有之，然笔须轻便，重则踬矣。”唐代大书法家柳公权也认为“管小则运动省力”。以竹为管，坚劲轻巧，便于挥毫点染，诚如明人屠隆在《考槃余事·笔笺》中所言：“古有金管、镂金管、绿沉漆管、棕竹管、紫檀管、花梨管。然皆不若白竹之薄标者为管，最便于用，笔之妙尽矣。”

四是价格低廉。物以稀为贵。竹管毛笔具有其他笔管无法比拟的种种优势，尤其是价格低廉。竹子因为种植广泛、生长快速、成材较易、产量丰厚等特点，所以取材便利，成本较少，价格便宜，是物美价廉的毛笔笔管。

五是颇具美感。竹管毛笔颇具美感，使人们对它青睐有加。竹管表面光滑，杆圆而直，有很好的审美效果。斑竹管另有一番情致，表面呈淡绿色并点缀着紫褐色斑纹，给人以独特的美感，加上“湘妃泪洒竹上”的动人传说，更增文化意蕴，自然备受欢迎。

竹管毛笔之所以备受人们喜爱，除了具有优越的实用功能外，还在其蕴含的文化内涵。竹笔毛管不像以金、银、象牙、玳瑁等为管的毛笔那样奢侈华贵，也不像以楠木、丁香、沉香木、花梨等为管的毛笔那样珍稀难求，而是充满淡雅、质朴的气息，这恰恰契合了士大夫阶层戒奢崇俭、恬淡高雅的价值观；竹管节与节之间匀称而分明，这与士大夫追求清明爽朗、高风亮节的品格一脉相承；竹管的坚劲挺直，寄托了士大夫坚贞耿介的志向；竹管的空心，又可隐喻谦谦君子之气度。这些特征使得竹管毛笔具备了其他物质形态少有的情怀，书写者可以通过它表现出自己的价值取向、精神诉求等。

三、潮州竹笔

毛笔制造工艺，自中原随南迁人群传入潮州后，经过不断探索、发展、扩大、改进、创新，形成了独树一帜、富有特色的地方工艺。其制作精细，选、用料讲究，独具一格，造出来的毛笔不论大、中、小楷，皆造型美观，笔锋尖细，书写流畅、富有弹力，备受当地墨客推崇，一时

毛笔

远近闻名，产品供不应求。

潮州龙湖镇塘东村土头出产毛笔，相传始于元朝末年，由陈氏祖先从福建带艺入村，相传至今，历600多年而不衰，产品远销国内外各地，曾是远近闻名的笔庄，在国内享有盛誉。该地建有一座笔祖师蒙恬神庙，常年香火不绝。土头毛笔制作技艺传入龙湖时，原是独门家庭作业，后因货量供不应求，这户人家于明朝成化年间开始收徒授艺。清末及民国时期是土头制毛笔手工业的黄金时代，清乾隆十六年（1751）塘东土头人陈登科创建“陈登科笔店”名扬潮汕，在潮汕毛笔制作销售方面举足轻重，居领导地位。至清朝嘉庆年间，毛笔这项工艺已成村中标志性产业而远近闻名。新中国成立之后，塘东村办起了毛笔社，把各户的从业人员都招进厂场，成了塘东村的支柱产业，支撑着塘东村集体经济的半壁江山。20世纪80年代，塘东村90%的劳力从事专业或业余制作毛笔手工业生产，产品远销港澳及新加坡、越南，年创值20多万元，占总收入的70%以上。改革开放之后，各项产业如雨后春笋般涌现。毛笔工艺从原来单纯用于书画、油漆的应用扩充到工业、医疗、化妆彩绘等各个领域，需求量倍增。

（一）原料

主料：羊、兔、狼、狐狸、黄鼠狼、猪的尾巴毛。

羊毛

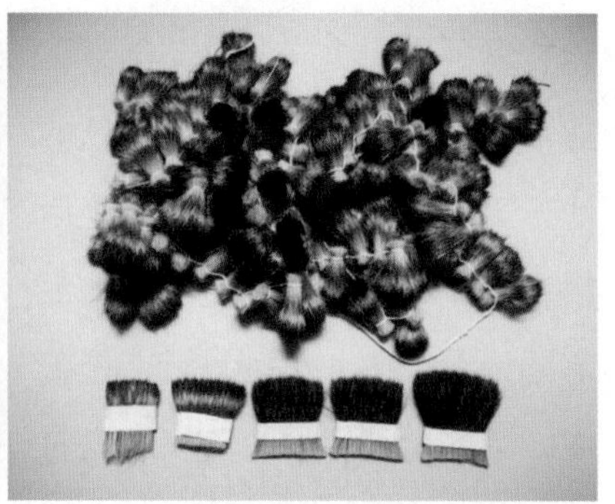

兔毛

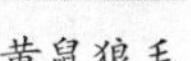

黄鼠狼毛

狐狸毛

猪毛

辅料：厘竹或绿竹，用来做笔杆。纱线，用来缚笔头。牛角，用于制作笔尾装饰。松香、万能胶等，用于胶笔成型。

（二）制作工具

条毛刀：用来将各种毛料切齐。

齐毛板：用来将各黄毛料拉齐。

牛骨梳：用来将各类毛料梳直，梳均匀。

挑毛刀：用来除去各类毛料中的杂毛、碎毛。

电脑：用于蚀字。

电机：用于安装钻头挖笔杆孔，皮砂轮磨边。

（三）毛料的选配

做一支好的毛笔，除了技艺高超精工制作之外，另一个要点就是选配料讲究，做什么笔用什么毛，狼毫和羊毛配比多少，各种毛料都要做到物尽其用、物尽其值，同时要保证质量。根据各种毛笔的用途，在毛料的选配上大体分为以下六种：

学生用的毛笔：大、中、小楷毛笔一般是学生初学毛笔字用的，价格低，笔的主体选配以羊、兔毛为主。为了在书写过程中拖刀、驻笔的环节上比较流畅，要在笔尖上配上几条狼毛，这样造出来的笔运用起来有回弹力，笔画粗细容易掌握。

大提笔、斗笔：这种笔一般供有书写基础或有一定功底的人使用。价格较高，这种笔选配的狼毫比例要多些。

油漆、陶瓷用的洗水笔：油漆笔主要指排刷。排刷在应用中只求整幅着色均匀，故选料只用较粗硬的羊毛，不用添加狼毫；陶瓷用的水洗笔，为了避免划伤胚体，选料要用较柔软的羊、兔毛。因为柔软，洗出来的土坯光滑无痕。

彩金笔：彩金笔是蘸着金油画在成型的瓷器上，由于金油昂贵，使用时避免金油残留在笔毛上造成浪费，一般要做成细长。这样的线条画出来的线条彩绘均匀一致，但毛要选配好毛，大概狼毫和羊毛各占一半。

眉笔、土像彩绘：眉笔要尖细，擦面笔、扫粉笔与陶瓷洗水笔一样，但比较小。

铿毫笔：这种笔比较高档，它是用狼毫、羊毛、兔毛三种毛料配制而成，这种笔写起来可少用力，柔软也适度。

（四）毛笔的加工制作工序

做毛笔从挑毛、下水除脂到成型配套包装，共有百余道工序，分为17个类型：挑毛、脱脂、整毛、脱绒成片、齐毛、分锋、切毛、配制、擦制、挑锋、定型、晒干、捆笔头、配笔杆、挑毛锋、胶笔成型、配套。

挑毛：将购进的羊毛按部位挑选分开，分别存放。

脱脂：将分选开来的羊毛和狼、狐狸尾巴及兔皮用石灰水浸泡24小时，以达到脱油脂、防蛀、易蘸墨的目的。狼尾巴和兔皮浸泡捞起来拔毛，并按部位分别存放。狼和狐狸尾巴的毛都属于优质毛。黄鼠

毛笔制作过程

狼尾巴中段的毛接近狼尾巴，头尾次之。兔头部和腹下毛质较差，其余部位与羊毛相似。

整毛：毛料贴皮处成为毛头，另一头则称为毛尾，整毛是把毛料分出头尾，并把毛头拉齐。

脱绒成片：将分头尾拉齐的毛除去绒毛，再将同一长度的毛做成一片。

齐毛：将成片的毛头整齐，做起来的笔才捆得牢，不掉毛。

分锋：锋分长短，将成片的毛同一长度的拉出来，长度相同的为同锋。

切毛：切除毛头（贴皮的一边）部分。

配制：披毛长短配制成笔粒。

擦制：用牛角梳将笔毛梳整齐。

挑锋：把无尾的毛头挑起来。

定型：按客户要求定笔粒，称为包笔。包笔的要点在于羊、兔毛在内，狼毛在外。

晒干：将定型笔粒晒干。

捆笔头：将晒干的笔粒用专用纱捆紧鼻头。

配笔杆：将捆紧的笔头涂上胶水配入笔杆。笔杆竹要用专用竹。一般选用韩江上游三河坝一带出产的竹笔杆按尺寸锯好之后，还要进行刻字、挖孔、磨边、上笔尾盖等工序，然后将笔头涂胶水接入笔杆。

挑毛锋：将成型的笔用牛角梳梳直笔头，将斜插毛和断尾毛拔掉。

胶笔成型：治牛皮胶，将笔头定型，晒干。

配套：将晒干的笔配上塑料笔套，装入笔盒。

（五）土头毛笔种类

土头毛笔种类包括楷笔、大提笔、斗笔、彩绘笔、油漆笔、排笔、洗水笔、眉笔、金笔、蘸药水专用笔。

（六）当前毛笔制作业

龙湖镇塘东村的毛笔制造工艺源远流长，历史悠久，在国内外早享声誉。如今，这个行业受到来自社会各行各业日新月异的冲击，日渐式微，有逐步消亡的危险。究其原因，主要有以下三方面：

一是工序烦琐。随着社会产业结构的转型，年轻一代多选择从事商业贸易、电器化等行业，极少人像老一辈埋头于寒暑都把手伸进水里作业的烦琐行业，所以毛笔制造行业出现人才断层的危机。

二是工作时间长。家庭作坊行业，为了赶货不得不日夜加班加点，压缩了自己可以支配的时间，因而从业人员越来越少。

三是皮料成本高。制作毛笔的原料主要为动物皮毛，其价格高的每公斤达两三万元，制作成本不菲，家庭作坊产能有限，导致相对利润少。

当然，从深层次来讲，主要还是制造毛笔的利润率趋于下降，而又缺乏产品、工艺和市场的创新，从而丧失竞争力。

CHAPTER 3

第三章 百姓日用，其源不匮

——潮州竹制生产生活器具

我国先民利用竹制品的历史可谓源远流长。考古发现，在距今约4500年的浙江吴兴钱山漾新石器文化遗址中发掘出了200多件竹编器具。尽管竹编物多数已残缺，但有考古专家指出：“能够确定用途的，有捕鱼用的‘倒梢’，有坐卧或建筑上用的竹席，有农业（包括养蚕）和日常生活上用的篓、篮、箪、谷箩、千篰、簸箕等。”遗址中还出土了木桨，可推断当时已有原始的木船或竹筏。综上可知，我国先民很早就懂得利用竹子制造竹筷子、竹蒸笼、竹床、竹椅、竹扁担等各种器物，且竹器物的制造和编织技术都具备了相当的水平。到春秋战国，竹制品已成为当时民众不可或缺的生活生产器具。

西晋“八王之乱”，以及“五胡乱华”和“五代十六国”战乱时期，后又有唐末动荡、宋室南迁，大批中原民众迁徙到潮州。潮州先民迁徙的形式是“举室南迁”，即以姓氏为代表的整个家族集体迁徙。迁徙的主要路线，从中原迁至江南，再入闽，后下粤东。“举室南迁”使这些家族即使来到新居住地，也能照旧使用原来的语言和习俗，所以直至今天，潮州话依旧保留了古汉语的基本特征，潮州民俗保留了大量的中原古风俗，被誉为“中原古典文化的橱窗”。这些家族还带来了中原先进文化和农耕技术，提高农业生产水平和生活质量，修建水利，修桥造路，修寺庙，建宝塔，这些工程都离不开竹制品的应用，所以说竹子对潮州的光辉历史有着不可磨灭的贡献。竹制品与人民生活息息相关，由于竹制品柔韧轻便，粗中有细，物美价廉，用途广泛，所以成为人们生产生活中的必需品。旧时编制竹器作坊遍布各个村镇，竹器业自然而然成为潮州地区的一种传统手工业。潮州民间用竹子进行加工，可以制桌、椅、柜、几等家具；制成谷笪、畚箕、竹篓、扁担、箩、筐等农具；也可编织为灯笼、扇子、凉席、花篮、吊篮、竹笠等日用品。特别是潮州竹花篮编织有菱形纹、斜形纹、人字形等纹样，竹宽窄相同，有疏有密，互相穿插，富于韵律；花篮还用大写意的笔法加以彩绘，如同深山野菊，有带泥土气的稚拙美，家妇少女不论是上街或送礼做客，总是喜欢携提花篮在街上行走。潮州人频繁使用竹器，从农业生产到日常生活用品几乎都离不开竹器。

第一节　竹制炊饮器具

一、竹制炊具

与饮食有关的竹器物不少，譬如竹筷、笼屉、竹筒等。《癸辛杂识·续集下》记载，倭人居处，“食则共置一器，聚坐团食，以竹作折折取之”。周密在此记述的是宋代时日本人的生活状态和饮食习惯，虽非华夏民族，但可想见，宋代时竹筷就已是平常百姓选用的饮食器物。箬叶，箬竹的叶子，除了用来编织竹笠之物，也常被用来包粽子。在南宋林洪《山家清供》中有记载用竹筒做的饭。“玉延（今山药）索饼（今面条）下卷如作索饼，则熟研，滤为粉，入竹筒。”关于饮食方面，在《山家清供》下卷《汤绽梅》中有“用竹刀取欲开梅蕊”的记载。非得选用竹刀，是认为只有竹刀取用才能不破坏梅蕊的清雅，味道方显澄净幽香。此处非但见出古人巧思，更是细察到对竹的珍爱。

竹筛：用竹子编的网状农用工具，底面多小孔，用来筛选不同直径的物质颗粒，主要用于粮食面粉加工筛选。潮州凤凰单丛茶优异品质形成的第一个环节叫“晒青”，是将采来的青叶，利用日光萎凋。通过阳光照

竹筛

射，茶青中一部分水分和青草气散发，增强茶多酚氧化酶的活性，促进茶青内含物及香气的变化，为后续做青的发酵过程创造条件。晒青的工具就是用竹篾编织成的竹筛。茶农们称谓“水筛”，用于摊放鲜叶，摊放厚度越薄越好。用于承放多层水筛的“晒青架”应置于户外阳光充足处，薄摊好的茶青叶置于水筛中，承放在晒青架上，让阳光照射。

在潮州凤凰单丛茶制作过程中，还需要一种工具叫“浪茶机”。浪青又称浪茶，该步骤是一个茶叶发酵过程，该过程的制作工艺直接影响到最终茶叶的品质。浪茶实质上是茶叶的一个氧化发酵过程。

浪茶机

竹釜：用竹筒做成的圆筒，用于炊煮食物。竹筒饭是用竹筒代锅煮成的米饭。起初是山区少数民族进深山劳作时，为了简便，从不带锅灶炊具，只带上大米。做饭时就地取材，砍下一节竹筒，装进适量的米和水，放在火堆中烤熟，当竹筒表层烧焦后，筒内米饭就熟了，这便是竹筒饭。

古往今来，利用竹筒烹饪历史久远。最远的文字记载见于北魏时期贾思勰所著《齐民要术·炙法第八十》中，“筒炙”的菜，用肉馅敷在竹筒上用明火烘烤而成。宋代范成大在《桂海虞衡志·志器》中，有“竹釜”条载：“瑶人所用。截大竹筒以当铛鼎，食物熟而竹不熠，盖物理自尔，非异也。”使用竹釜之俗，至清代仍很盛行。清朝陈鼎在《滇游记》中记载：“腾越铁少，土人以毛竹截断，实米其中，炽火煨之，竹焦而饭熟，甚香美，称为竹釜。”清代朱彝尊《食宪鸿秘》中，有“蟹九”，则是将蟹丸入竹筒煮熟而成。众所周知竹子具有利湿、保肝、明目之功效，明代李时珍《本草纲目》中写道：“竹益气可久食，利肠下气，化热消痰。”竹筒饭风味独特，米饭的香气融翠竹清香于一体，味道极佳。时至今日，潮州仍有很多饮食店烧制竹筒饭。

竹笾：竹笾就是竹豆。用竹编成的食器，形状如豆，祭祀宴享时用来盛果实、干肉。《周礼·笾人》记载：“掌笾之之宾。”明朝刘基《卖柑者言》记载：“将以实笾豆奉祭祀，供宾客乎？”笾与豆都是古代筵席间必不可少的餐具，均是一种有高足的食盘。周代官制，天官冢宰下设有笾人，专门负责备办王室日常进餐或祭祀时笾中必须存放的食品；还设有醢人，专门负责豆中必须存放的食品。这表明古代王室每餐必用笾和豆。笾与豆不同之处在于，笾用竹子编制而涂以漆；豆是用木质刻制而涂以漆（也有用铜和陶制作的，陶豆又称为“登”）。这两种餐具用途各有不同：笾因是竹编品，不能存放湿类食品，专门用于盛放枣、桃、芡、脯、脩、糗饵等干食；豆因不漏水，主要盛放腌菜、肉酱之类的湿物。

竹蒸笼：竹蒸笼这门手艺至今已有千年历史。传统的蒸笼均以毛竹制作，采用竹片绑接，因为材料坚硬且结实，竹片比较厚，所以都必须把毛竹去除部分厚度，留下5～6毫米左右的竹作为主要材料，从取材、劈竹、编织、钻孔、刨平等传统手工工艺制作，经高温、蒸煮等特殊处理精制而成，需要30多道工序。竹蒸笼的种类主要分为青皮慈竹蒸笼和去青皮楠竹蒸笼，具有不霉变、防虫蛀等优点，富有自然色彩，是绿色环保产品。一只竹蒸笼需要制作一天，一般一套为5只，再加上笼盖，完成一套蒸笼的制作大概需要几天的时间。随着技术进步，竹蒸笼就快退出市场，会这门手艺的艺人已经很少了。但是竹蒸笼仍然有着不可替代性，用竹蒸笼做菜能保持蒸汽水不倒流，蒸东西的时候蒸汽会被蒸笼吸收，停止作业后水分自动散发，不会影响食物的口感，让食物原汁原味，口感更好。

枫溪高田村的祖先从福建莆田来潮州创乡，带来了竹蒸笼这门手艺。最盛的时候是改革开放前后，那时候村里家家户户都在制作蒸笼。竹蒸笼第四代传人黄汉强回忆老一辈人常唱的一首歌谣："溪东饲大鹅，四甲圈猪槽，东边卖贝灰，田拍拿箠仔。英塘喊鹅毛，高田绑笼床。"蒸笼，潮州话就叫"笼床"。蒸笼的制作过程是先将丹竹浸水一晚以上，使其软身，再将竹削皮、磨滑。以一片丹竹围成圆形，用竹夹固定位置，削三条幼长的竹条、三个木块围于外框内，再置上内框，整理外形使其浑圆。编制竹条排成笼底，再以藤线十字形扎紧。钻洞，将竹削尖成钉插入蒸笼固定即成。蒸笼做好后需晒干才耐用。

竹蒸笼

二、竹制餐具

竹筷子：俗话说“民以食为天，食以筷为先”，在中国人的餐桌上，筷子是必不可少的东西。筷子起源于中国，历史悠久。在古代，筷子被称为“箸”。远在商纣时期，古代先民就开始使用筷子。出土最早的实物是河南省殷墟侯家庄的铜箸和湖南省香炉石遗址的骨箸。有关筷子的文献记载，最早见于《韩非子·喻老》：“昔者纣为象箸而箕子怖。”既然商代就有铜箸、骨箸、象箸，那么使用竹木材质制成的箸应该早于商代。“箸”是竹字头就是明证。在远古时期，我们的祖先起先是“茹毛饮血”，但后来发现食物做熟了吃更有滋味。祖先在烧烤食物时，不可能用手直接操作，就要借助木棍、竹棍等来翻动食物。进食时为了避免烫伤，就开始利用它们代替手指进食，渐渐地演化成用两根木棍或者竹条来夹取。“箸”改称“筷”和中国南方地区水乡民俗讳言有关。民间行船最忌“住”和“蛀”，从字音上称“筷”，是希望船快的意思，从此“箸”改称“筷”。但国内还有少数地区仍然叫“箸”，潮州话就使用“箸”这个称法。

筷子看起来简简单单，灵活小巧，却料质各异，种类繁多。中国历史上的筷子就有100多款，我们现在常用的筷子材质有木头的、竹子的、密胺的，但有多种筷子是我们不常见的。竹木筷是最原始、最普及的，一直到现在还是很流行，比如天竺筷、楠竹筷、湘妃竹筷，这些都是竹子做的，最普遍、数量最多的当算毛竹筷。

竹餐垫：是用竹子编织成圆形或方形的餐具垫，如杯垫、盘垫。竹质的餐垫隔热性最佳，能有效地防止较热物品对餐桌的损坏，有的竹餐垫还制作成各种可爱漂亮的造型，能把竹子本身的特性展现得堪称完美。潮州人的餐桌上常见竹餐垫。

竹盘：原指以篾编织成镬，内外涂上由牡蛎等遗壳烧制成的蜃灰。用以盛装卤水，直接加热煮盐的器具。这里指以竹子编织成的用来盛放食物的盘类餐具。

竹碗：用竹筒制成圆形的碗状餐具。

竹盒：用竹子编织成用于盛放食物的盒状餐具。

竹篮：用竹子编织成用于盛放食物的简便篮子。装食物的竹篮一般都挂在高处。

吊篮

竹酒杯：用竹筒制成盛酒的酒杯。

竹瓢：是用竹筒加工成舀水的瓢，潮州一些农村还有在用。早在春秋战国时期，先民对竹瓢的运用就很广泛了。《论语·雍也》说："贤者回也。一箪食，一瓢饮，在陋巷，人不堪其忧，回也不改其乐。贤哉，回也！"意思是，孔子夸赞颜回是个大贤人啊。他用一个竹筐盛饭，用一只瓢喝水，住在简陋的巷子里，别人都忍受不了那穷困的忧愁，他却能照样快活。

三、竹制盛具

茶具：竹编茶具由内胎和外套组成，内胎多为陶瓷类饮茶器具，外套用精选慈竹，经劈、启、揉、匀等多道工序，制成粗细如发的柔软竹丝，经烤色、染色，再按茶具内胎形状、大小编织嵌合，使之成为整体如一的茶具。主要有茶杯、茶盅、茶托、茶壶、茶盘、茶罐等，多为成套制作。

潮州工夫茶具中竹编茶盘较为常见，因其轻便耐用，竹条纹古色古香，深受人们喜爱。古时茶具中还有竹箸。曾任潮州文献馆主任、广东文史馆研究员的翁辉东在其著作《潮州茶经》中说："竹箸，用以箝挑茶渣。"将竹箸箸尾削细削尖，便于挑出茶渣。旧式竹箸已被木挟、竹挟和角挟取代。昔时潮人使用油薪竹生炉火。以山涧溪流边的小竹子为原料，捣烂后反复漂水曝晒而成。生炉火时，直接将油薪竹点燃，再在炭炉中交错放入数根油薪竹架空，然后用火筷夹入木炭点燃。另外，潮府工夫茶文化博物馆还保存有明代竹编套锡杯，这说明竹编茶具在古代就已经得到广泛的应用。

明代竹编套锡杯

唐代陆羽《茶经》中有关于事茶之竹，在"二之具"中用到16种工具，其中由竹所制的有7种（籯、甑、芘莉、扑、贯、穿、育）。由此可知，无论是烘烤茶、焙茶、储存的时候皆会用竹。"四之器"中，二十四样器物，十样和竹子有关（筥、夹、罗合、则、漉水囊、竹筴、鹾簋、札、具列、都篮）。通常只有贵族才有闲情雅致享用二十四样器物事茶，普通百姓往往会省略工序，但通常也会用到约七样器物（瓢、碗、竹筴、札、熟盂、鹾簋等，加之盛放这些器物的筥），其中四样与竹有关。

北宋蔡襄作于皇佑年间（1049—1053）的《茶录》是中国古代饮茶论著，也是宋代极为重要的茶学专著。与竹有关者，其所载也不在少数，现引用几例。《茶录·上篇·论茶》中谈到，藏茶，"茶宜箬叶而畏香药，喜温燥而忌湿冷。故收藏之家，以箬叶封裹入焙中，两三日一次，用火常如人体温，则御湿润"。这里描述藏茶如何不宜，宜用箬叶包裹存放。收藏茶叶的人家用箬叶封装包裹好饼茶，放入茶焙中烘烤，两三天重复一次，用以防止受潮。在事茶过程，提到的

有罗茶，罗茶时需要用竹制的精细的筛子筛罗茶叶。这里需要补充一点的是，宋代喝茶用的是点茶法，尤其是斗茶时，茶叶碾成细末，与日本的抹茶倒有些相似。在《茶录·下篇·论茶器》中云："茶焙编竹为之，裹以箬叶"，"所以养茶色、香、味也"。这里指的是用竹条编成，然后再用箬叶包裹的一种烘烤茶的工具，其功用是放置茶团，便于焙烤。包上箬叶之后在火上烤，如此几次，茶就会色香味俱全。这种茶焙与陆羽《茶经》中的"育"颇有几分相似，却又兼有烘焙的功效。另有箬叶制成的"茶笼"；竹做的筛子"茶罗"；用竹篾制成的类似席的用以烘烤茶叶的物品"笪"；采茶的竹篮"�"；带柄的、类似伞的竹笠"簦"等。《增补武林旧事》卷二《进茶》中，仲春上旬时给皇帝进第一纲茶，名"北苑试新"。进贡的茶叶"以细竹丝织笈贮之"。

托盘：是以天然竹为原材料，经过加工制作而成的环保型免熏蒸托盘。

茶芍：利用竹子中空的特点，制成取用茶叶的小茶芍。

市篮

市篮：是用竹皮编成的篮子，有大有小，但形制基本相同。一般市篮高33厘米，直径25厘米，编织密实，篮口有内盖、外盖。内盖为凹形，可放细小东西。外盖为龟背形，既可使篮子盖得严实，又起装饰作用，使篮子整体理更美观。篮子上面安有一条竹提梁，高约33厘米，可提可背。市篮相当于现今的手提袋，上街、串亲戚或外出办事，把要带的东西放进篮里，往肩上一挂就赶路，甚为方便。市篮还是潮州

"过番三宝"（"过番"即"下南洋"，今东南亚一带）之一。清代潮州人为了生计过番时，有三件必备的东西，分别是水布、市篮和甜粿，市篮用来放衣服和干粮。

第二节　竹与服饰

据魏晋史籍记载，南方土著早已知晓如何取用竹麻绩布。譬如李昉等编纂《太平御览》卷九百六十三《竹部》二引《吴录》曰："始兴曲江县有篔筜竹，围尺五寸，节相去六七尺，夷人以为布葛。"《吴录》乃三国时吴国人张勃所著，此文献确凿记录了我国东部少数民族的先民此时已开始取竹绩布。其后同代人裴渊《广州记》也称："蛮夷不蚕，采木棉为絮，皮园当竹，削古绿藤，绩以为布。"

竹衣：中国人将竹子在服装上用到极致。面料是竹纤维，染料是竹叶，图案是竹子。目前，用于纺织方面的是再生竹纤维，也称粘胶竹纤维，还有一种是竹炭纤维，也已被应用于纺织。

葵笠：即竹笠，是一种用竹篾编制的帽子。竹笠是古人外出漫游的工具，历史悠久。《诗·小雅·无羊》言："尔牧来思，何蓑何笠，或负其糇。"《急就篇·三》曰："小而无把，戴而行谓之笠。"宋代竹笠已盛行，张择端的风俗画《清明上河图》生动记录了北宋都城东京（又称汴京，今河南开封）的城市面貌和当时社会各阶层人民的生活状况，画中多个市民戴有竹笠。高克明《溪山瑞雪图》亦画有戴着竹笠的渔夫形象。自宋以来，历代画家还创作了风格各异的《东坡笠屐图》。清朝宫廷画家徐扬《姑苏繁华图》反映当时苏州"商贾辐辏，百货骈阗"的市井风情，其中绘有市民戴竹笠劳作、盖

竹笠制作过程

房子、牧羊等情形。

笠的制作材料，各地都是就地取材，利用当地的自然资源。大多是用竹篾编制，上下两层，中间夹着一层箬竹叶；也有用葵叶、棕叶、椰叶等编制的，还有用草、秸秆编制的，不过用此类材料编织的笠宜防晒而不宜御雨，故一般称“帽”而不称“笠”。

竹笠

笠有大有小，大的直径有七八十厘米，小的不足30厘米，一般都在45厘米左右。笠的形状多是圆形，也有椭圆形、方形或六角形。笠顶以尖顶、圆顶为多。农民用于田间劳作时防晒御雨，对笠的好坏并不太讲究，能用就可以了，不过如果是作客或参加一些礼仪性活动，所用的笠就比较好。各地大体都有这样的现象，中青年妇女戴的笠一般比男人或老人要讲究些。

笠虽然简单，却可以反映各个地区的不同民俗。粤东、闽南地区用的多是平面尖顶雨笠，讲究的一点是上了油纸和熟桐油，美观耐用；云南、贵州及海南等地区的笠，大多是用棕叶、椰叶制作，圆锥形，没有平面笠沿或沿很小；河南、山东的方形笠、六角形笠，也颇有地方特色；南海渔民戴的笠，边沿有一圈弯曲下垂的笠沿，更能遮风御雨。妇女戴雨笠又有些不同，福建“惠安女”头披花巾，捂住双颊，戴雨笠时，笠带系于颌下，花巾也不取掉，对头和脸“双层保护”，外人一看就知道是“惠安女”；广东梅州、惠州、东莞一带的客家妇女戴的“苏公笠”，实际上只是一片圆竹筒，直径48厘米，不但没有笠顶，而且中间留出一个直径约15厘米的圆孔，笠的边沿缀上一圈呈百褶裙状下垂的黑色或蓝色绸布，长15厘米，风来随风飘动，当地人称为“凉帽”。据说当年苏东坡被贬惠州，常带爱妾王朝云出游，为不使爱妾受风吹日晒，特地找工匠为之设计制作。戴上这种中心透空的竹笠，发髻便不受笠顶所障碍，后来客家妇女相继模仿，沿用至今。

竹笠是潮州劳动群众普遍使用的雨具，它遮阳挡雨、抵御严寒，曾经作为潮汕地区一种非常有特色的手工艺用品，出口销往东南亚各国。竹笠以竹篾、箭竹叶为原料编织而成，有尖顶、圆顶通帽等样式。精工的用竹青细篾，加藤片扎顶滚边，竹叶之上夹一层油纸，笠面加涂熟桐油而成。竹笠上可印字，或者绘上花卉图案，或者写上一首歌谣或古诗，相当别致。纯

凉帽

手工制作的竹笠愈显珍贵。

竹履：制作简单，取粗竹子靠近根部的一节，长短比鞋底略短一些，但必须两头是节，然后纵向一剖为二，靠近剖口的两侧前后各钻一只小孔，用以穿绳带。

竹帽：也有叫草帽，帽檐比较宽。可用来遮雨、遮阳，并且休息时将衣物放于帽中，以防沾尘土。制作竹帽其中一个重要的步骤是“辫笣”。辫笣是潮州一项传统的民间工艺，过去比较常见，主要的原材料就是竹子和麦秆，最终制作成的帽子和扇子广泛用于潮州家庭中，也有出口东南亚各国，在20世纪80年代曾一度风靡东南亚各国。当时几乎街头巷尾的老人小孩都在从事制作竹帽，一条笣大概有1～3毛钱的报酬。经过社会的发展，这一项工艺慢慢就失传了。为什么叫作“辫笣”呢？因为该制作工艺有点像编辫子。选材也特别有讲究，竹子的厚度越大越好，如果是老竹子，质量更胜一筹。把竹子砍下来，进行分节，然后破成片，浸泡一下水，进行分抽长小片子，最后再进行编篾成小条片。当编织成长长的条片后，要进行简单的修剪，然后进行碾平，再卷成长团，这样就完成了整个步骤。

竹扇：中国最早有关扇子的文献记载出现在晋朝《古今注》，书中记载舜为“广开视听，以求贤人自辅，故制五明扇焉”。竹子、羽毛、纸绢都是中国古代常见的制扇材料，随着制扇工艺和技术的发展，不同朝代的人将素娟、细罗、绯丝等纺织工艺用于制扇之中，并称之为“团扇”。

不管是文人墨客还是官宦士族，都将扇子当作表达自己精神意志的必备单品。南北朝时期，山水诗画盛行，文人们便开始将自己的精神文化寄托在扇面上；到了隋唐时期，绘制牡丹花图案的绢扇成为宫廷仕女的饰品；宋代，宫廷画家画扇蔚然成风。

明清更是中国扇子工艺的巅峰时期，以苏州地区的吴门画派推动文人画的蓬勃发展，再搭配各地高度发达的制扇工艺。潮州扇是古代名扇之一，曾多次入贡明清朝廷，深得宫廷的喜爱。扇面多绘制百姓喜闻乐见的故事画，既有情趣又富有教育意义。

竹手袋：用竹子编织成的手提袋，做工精美，款式新颖，很受年轻人喜爱。

竹伞：一种用竹作骨架制成的伞。清代朱彝尊《夏日村居》诗之一："小溪新涨水泙泙，竹伞芒鞋自在行。"

竹杖：竹制的手杖，可帮扶人们登高履险，支撑身体平衡。唐代刘禹锡《游桃源一百韵》："仙翁遗竹杖，王母留桃核。"宋代苏轼《定风波》："竹杖芒鞋轻胜马，谁怕？一蓑烟雨任平生。"清代唐孙华《次和酬恺功院长见怀一百韵》："颇恋桃笙稳，行烦竹杖持。"

背遮：也叫背蓬，作用与蓑衣相同，只是制作材料和形状不同。背遮以竹篾编成双层外壳，中间夹箬竹叶，长约86厘米，宽约75厘米，里穹外凸，状如龟背。雨天时覆于背后挡雨。元代王祯《农器图谱》中称为"覆壳"，并说"以御畏日，兼作雨具"。

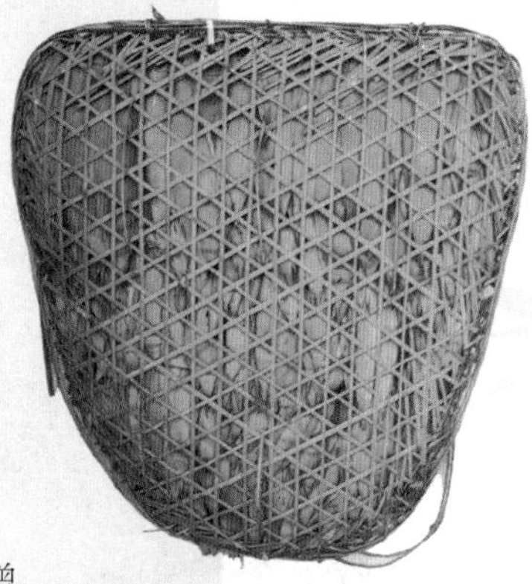

背遮

手臂笼：俗称手笼，用莎草或竹篾编织，是一种要套入小臂的手套筒，长约18厘米，前小后大，像只无底的小虾篓。笼前端的小口以手掌收缩能通过为度，后端的口径稍大，约10厘米。其用竹篾编织，竹篾要细薄光滑，以增强柔软度。手臂笼主要用于砍甘蔗、柴草等农活，套于小臂上预防手部受伤，也保护衣袖不被划破。

第三节　竹制家具

秦汉以后，有家具如竹木加工的几、案、床、箱之类，在当时还属于贵族所享受，民间多以席地而坐。唐宋年间，才有桌、椅之类的家具出现。元代，随着历史的发展，民间开始普遍享用竹木加工的桌、椅、几、案、床、柜、橱、箱等家具。由此，竹木制品小作坊也随之兴旺。尤以明清年间，潮州兴建庭院、官宅之风甚盛，如明代有“黄尚书府”“波罗山房”“辜朝荐宅”和“兵马司”林府；清代有“卓府”“黄公祠”“资政第”；等等。其厅堂均配套高档家具，诸如摆设几、案、椅、屏、架、床，使古老的建筑锦上添花。

竹藤制品，自古以来大多是较为粗简的日用品，人们称之为“山货”。可是，却有用途广泛、价格低廉之特点。明代潮州已有“南门削竹箬”（竹编）之民谣，可见竹制品生产聚集之盛况。故有南门古

竹制品

的“竹铺街”（后称为“竹铺头”）等称谓。尤以意溪堤堤上堤下，是潮州苗竹、桂竹、厘竹、绿竹的集散地。入清，潮州竹椅制品已逐步发展多花色、多品种，有睡椅、屏椅、高低平椅、排席、竹席等家具用品；也有谷笞、畚箕、竹箩、竹筐、扁担、粟等农用制品；还有竹筛、竹帘、竹篮、竹笠、竹篷、提花篮、竹灯笼等日用制品，多姿多彩。

花䈄：花䈄在潮汕家庭中的用途极为广泛，是旧时潮汕农家必不可少的生产生活用品，甚至可以说是民俗用品。郑雪依先生的《新编潮州十五音》中说道：“竹䈄，家用也。”它是一种由竹篾编织而成，有浅沿的圆形平底器具。花䈄作为传统手工艺品，在潮汕大地，以前是嫁女的必用品，象征团圆美满，寄寓着人们对生活的良好祝愿，是潮州文化的一个符号。

䈄可以作为晒具。潮汕人民用它来晒种子，晒薯粉，晒草药，晒豆类，晒各种粮食、干货，主妇们还喜欢用它来晒受潮的纸钱。东西晒完，就把它放于墙边，既不占地方，又便于收藏，是非常实用的器具。䈄还可以作为盛具，盛放祭品，盛放各类极具潮汕特色的粿品，比如大家熟知的红桃粿、酵粿、发包、甜粿，还有冬至做的冬节丸。

盛放红桃粿的䈄

竹䈄

可以说，在潮汕，有粿的地方就有笳。少了笳，主妇们可能会找不到合适的盛具来盛放这些祭品。笳除了作为晒具和盛具之外，在潮汕人的婚礼中也是有大用途的。花笳是笳的一个种类，用于婚嫁。潮汕婚俗中，男方送来的聘金、首饰、喜糖等物，女方家都是先收下放在客厅八仙桌上的花笳中，再返还一些。在新娘出嫁上轿前，家人在客厅地上摆上一个大笳，新娘站在笳上，由陪房的女性长辈用线为其挽面，并且还要做四句，如“挽条青，合大家；挽条红，合众人”（大家即为婆婆）。挽面完毕才可以出门。

竹桌：用竹子制成的桌子。竹吸热能力强，保持了竹子的独特质感和天然纹路，纹理清晰可见，质朴与淡雅清新，外形美观，冬暖夏凉。

竹椅：一般用材质坚韧、富弹性的竹类如坭竹制作。通常是将一根毛竹砍下，像庖丁解牛一般将其削割成竹竿、竹片及竹条，然后再将这些“零件”拼成一张完整的竹椅。竹椅制作中较为复杂的工序是竹椅扶手的拐弯环节，要先着一堆柴火，将削好的毛竹放在红色火焰上来回烘烫，当坚硬的毛竹被烘烫得软熟时，迅速精准地将其拗弯，便大功告成。

还有一种是婴儿竹椅。婴儿竹椅像一只竖放的竹椅，长约46厘米，宽约42厘米，高约45厘米。上、中、下各有一面由多条竹片拼成的横板，上、下横板稍靠前，中间横板稍靠后，让婴儿可以平平稳稳地坐于椅中，既简单又实用。

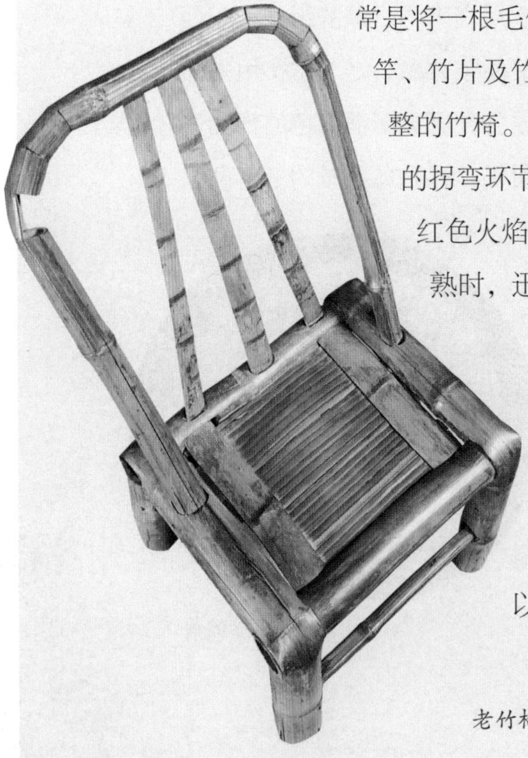

老竹椅

竹凳：潮州市南春路九龙宫巷口旁有一家手工竹制品店，店面不大，也没什么华丽的装修，满满当当地堆放着竹凳、竹椅、竹篮。店主郑伯15岁开始凭这门手艺营生，壮年务工，退休后重拾手艺。郑伯做一张竹凳，最快要3小时，而现在塑料椅一两分钟就出一把。虽然生意不佳、传承困难，但年已七旬的他还是一腔热爱租下店面继续做竹艺，希望能多传承几年。竹凳经久耐用，几十年也不散架。潮州话说：为天地惜物业。今天，潮州人家里依旧有竹凳的身影，很多是祖辈、父辈用下来的。一把历经岁月愈见光泽的竹凳承载了潮州人实干朴素的精神，也承载了爱惜资源的好家风。

正在制作竹凳的艺人

竹床、竹榻：天气炎热时，睡在竹子制成的竹床、竹榻上能清凉消暑。清代俞蛟《潮嘉风月记·丽景》记载："顷年更有解事者，屏除罗绮，卧处横施竹榻、布帷、角枕，极其朴素。"汪曾祺先生的《夏天》："搬一张大竹床放在天井里，横七竖八一躺，浑身爽利，暑气全消。"这些都赞美了竹床的纳凉功能。鲁迅先生的《呐喊·白光》："那时他不过是十岁有零的孩子，躺在竹榻上，祖母便坐在榻旁边，讲给他有趣的故事听。"

竹床四柱边框是用圆圆的竹筒合成，竹板由长长的竹篾拼制。新竹床淡绿清丽，无不透出竹子的本色；睡久了，竹床会渐渐变成枣红色。在电器还没走进广大家庭的时候，竹床是老百姓少不了的度暑工具。夏日夜里，大街小巷，不难见到那摆起的“竹床阵”。劳作后休息的农人、纳凉的妇孺、嬉闹的孩子、田园守夜人都仰卧其中。此外，竹床还可作病人、孕妇的救护车之用。老百姓遇上急诊，或孕妇临盆，要速进医院，但交通不便，人们就马上将竹床四脚朝天，用木杠和扁担很快绑起一个担架，病人或孕妇睡其上，送往医院，既安全舒适又快捷方便。如今，市场上少见有人买卖竹床，但竹床上的夏天还刻在老一辈人的记忆里。

竹榻是供躺卧两用的竹椅子，以毛竹光为材料，运用锯、竹刨、竹刀、钻子、圆凿、铲音、竹尺、划码用铅笔等工具，通过四个步骤完成。一是取材：按照竹子的原材料大小，根据不同椅子器具要求，截取不同长度的大小毛竹段。二是整料、划码打眼：先用竹刨把竹枝上凸出的竹节刨平，然后在竹椅各转折处和椅背安装处均要划码或打眼。三是烤火：这道工序有一定难度，在各转弯（折弯）处竹青一面，用适度的火烤，一般烤到竹青皮“冒汗”（产生一个个小泡）为宜。还要根据竹性不同硬度、干湿度，把握好烤火时间。如拗竹椅背，因竹小，转折处又多，烤火不适度容易折断。四是组装、整型：竹椅组装成形后，在各转折处钻小孔，用竹钉固定，使整把竹躺椅子牢固、耐用。

竹席：也称竹簟，是炎炎夏日里家庭必备的用来铺床和纳凉的一种铺垫用具。唐代元稹《竹簟》：“竹簟衬重茵，未忍都令卷。”宋代苏轼《玉堂栽花周正孺有诗次韵》：“竹簟暑风招我老，玉堂花蕊为谁春。”清代张养重《竹枝词》：“蕲州竹簟凉于水，黄陂葛巾细于纱。”《老学庵笔记》卷三《相国寺内万姓交易》记载，宋代相国寺每月都要开放五次，万姓交易，“卖蒲合簟席、屏帷洗漱”。沈从文先生的《从文自传·我读一本小书同时又读一本大书》中提到："那些庙里总常常有人在殿前廊下绞绳子，织竹簟，做香。"

竹席的特点是质地柔软、弹性好、清凉透气、吸汗、防虫蛀，对身体友好，因而受到广大老百姓的喜爱。竹席一般以水竹、毛竹、油竹等竹子为原料，并将竹皮劈成篾丝，经蒸煮、浸泡等工艺后以手工经纬编织而成。竹席按用料不同，又可分为青席、黄席、花席和染色篾花席。青席全部由青篾编织而成；黄席全部用黄篾编织；花席青黄相间，色泽鲜明；染色篾花席则将竹篾染成各种颜色，织出花纹图案，一般用于装饰。近年来，市场上还出现一种竹板席。它以毛竹为原料，二指宽的竹块用尼龙绳串制而成，这种竹席结实耐用。

竹摇篮：潮州传统的老式摇篮，是用竹条编制成扁长的双头稍微上翘的小船形状的婴儿床，篮底是平坦的。往摇篮床里放入棉被，拉上小蚊帐。摇篮用弹簧吊在梁上，摇篮下边绑一根竹竿，竹竿一头挂在地上。用脚一上一下地踩动竹竿，便将摇篮上下左右摆动起来，婴儿很快就能入睡。

婴儿竹笼：用竹筒、竹片围成一个六角柱形的竹笼，宽约68厘米，高约60厘米，供婴儿或坐或站于笼中玩耍。竹笼一般用材质坚韧、富弹性的竹类如坭竹制作。

竹枕：顾名思义是用竹子制作的枕头。唐代杨廉《竹枕》："剖篁编枕荷朋分，携向南窗卧火云。节上带来风露气，床头爱看水波纹。广藤恨软非能耐，布被还清合与群。西华睡臣唯片石，可人争似渭川君。"竹子天然具有清凉品性，因此使用竹叶枕具有清凉解暑的作用。潮州人在夏季常会用竹枕。

竹几：即竹夫人，中国民间夏日取凉用具，是一种圆柱形的竹制品。江南炎炎夏季，人们喜欢以竹席卧身，用竹编织的竹夫人是热天消暑的清凉之物，可拥抱，可搁脚。唐代白居易《闲居》："南檐半床日，暖卧因成熟，绵袍拥两膝，竹几支双臂。"宋代苏轼《午窗坐睡》："蒲团蟠两膝，竹几阁双肘。"宋代苏轼《次韵柳子玉》："闻道床头惟竹几，夫人应不解卿卿。"自注"俗谓竹几为竹夫人"。清代张岱《陶庵梦忆·不二斋》："余于左设石床竹几，帷之纱幕，以障蚊虻。"

竹屏风：用竹制成的屏风，放在室内用来挡风或隔断视线的用具，有的单扇，有的多扇相连，可以折叠。

灯笼：竹制笼状灯具。其外层多以细篾或铁丝等制骨架，而蒙以纸或纱类等透明罩防风，内燃灯烛。灯笼可供照明、装饰或玩赏。

灯罩：以细篾制骨架，蒙以纸或纱类等透明罩，起防风及均匀灯光、保护眼睛之作用。

竹扫把：竹扫把起源于中国，即使用竹枝扎成的扫帚，是一种扫地除尘的工具。早在4000年前的夏代，有个叫少康的人，一次偶然看见一只受伤的野鸡拖着身子向前爬，爬过之处的灰尘少了许多。他想，这一定是鸡毛的作用，于是抓来几只野鸡拔下毛来制成了第一把扫帚。这亦是鸡毛掸子的由来。由于使用的鸡毛太软，同时又不耐磨损，少康即换上竹条、草等为原料，把掸子改制成了耐用的扫帚。

第四节　竹制农具

作为应用最为广泛的生产生活材料，竹与潮州人的生产生活息息相关。潮州竹制农具种类繁多，主要有竹扁担、竹筐、竹箩、竹竿、竹水管、戽斗、谷笪、秧夹、土砻、鸡笼、犁、水车、晒垫、箩筐、米席、畚箕、竹扫帚、谷箉、锄头等。下面介绍几种常见的竹制农具：

筐

箩

箩

筐、箩：筐和箩可以说是使用最普遍的竹制农具，两者用途相似，制作方法及形状则有所差别。

筐一般用绿竹的竹皮编织，篾薄但稍宽，约0.8厘米，编织的方法是先用48条竹篾（也叫基础篾）编筐底，然后交叉编织并向外、向上编织筐壁，每交叉一目，便横向串上一道胚篾，共14道，但不用柱篾。筐一般为圆筒形，底和口直径相近，约48厘米，高约45厘米，筐目（竹篾交叉的孔）明显，呈三角形或六角形。筐的制作虽有粗有细，但总体比箩粗犷些。筐的种类也很多，专用于装盛轻飘松散东西如谷壳，高可达1米。也有编得密不见孔的，俗称“厚筐”，可装细小谷物、沙、土等。有的筐为了坚固耐用，还在四周加压硬竹板。而有些用于包装的筐，则是用骨篾简单编织，形状有圆有方，筐目也较大。潮州现在有不少地方编制竹筐，如饶平县东山镇双罗村双优竹业专业合作社制作生产装柑橘的竹筐。

箩的制作一般要比筐精细一些。编箩的篾也多采用绿竹的竹皮，但篾条削得较小，宽不足半厘米。编织的方法是先从箩底均匀地定出48条柱篾，然后用箩篾交叉着柱篾一里一外螺旋形地一层一层向外、向上编织，边编织边将各条柱篾均匀地逐步向上弯，使箩底编成锅形。箩有高脚箩、矮箩，多是圆筒形或鼓形，也有上方下圆或上圆下方的。工艺精细的箩，所用的竹皮加工得细而光滑，且在箩口制作一个帽状箩盖。一般高脚箩高约48厘米，口径36厘米；矮箩高36厘米，口径46厘米。不论箩大小高矮，都是编得密不见缝。一只箩可装稻谷50～60斤。

编织筐和箩的封口特别重要，关系到筐和箩是否坚固耐用。所以竹匠特别注重其封口的编织。筐、箩口一般用苗竹制作，把苗竹削成近似于圆形的小篾条，像扭绳子那样一股一股地穿插编制，把筐口的篾（箩口的柱篾）紧紧地扭进去，使筐（箩）身和口紧紧连接在一起，搬运或提携时身、口不易分离。

筐和箩都配制有“脚”，用粗篾扭成一个竹圈，直径比筐（箩）略小，垫在筐（箩）下面，以保护筐（箩）底部。

谷桶围：围在打谷桶上面，用竹篾编制，长约120厘米，高76厘米，围下边留出十几厘米长的竹片，脱谷时安插在谷桶壁的“U”字形小铁框中，使谷桶沿桶内壁围成一个大半圆，以阻挡打谷时谷粒溅出桶外。脱谷实的方法，据《中国农业史稿》记载：“大约起源于宋元时期，在南方则用拌桶（即稻桶）将禾、麦、豆类捆成一束，双手举之击拌桶之倾斜面，种实受撞，下落桶中，种实落完，声响可辨。”然后运至晒场晒干风净。

米筛、米罗、簸箕：都是过去净米必用的工具，三者形制相似，配套使用，是净米时“去粗存精”的同一类用具。

米筛用竹篾皮编织（后来也有用细铁丝制作），取苗竹砍削成宽约3厘米的竹片，分别弯曲扎成外圈和内圈，外圈刚好套住内圈。把竹篾皮削得细而薄，一条条纵横交叉编织成一块小竹席，席有小孔，称为“筛目”。将小竹席的边沿均匀地夹进内外竹圈间的夹缝，竹圈中间钻若干小孔，用竹篾穿过小孔将内外圈扎紧。制作好的米筛内直径约66厘米，筛目约0.35×0.35厘米。米筛的作用是将已去谷壳的糙米与未破壳的稻谷分开，所以米筛的筛目稍大，恰能让糙米通过。从“去粗存精”讲，“粗”（谷）在米筛上，“精”（糙米）在米筛下。《天工开物》记载：“凡既砻，则风扇以去糠秕，倾入筛中团转，谷未剖破者浮出筛面，重复入砻。”这个“筛中团转”的“筛”就是筛目只能过米的米筛。经过“团转”后筛出糙米，把未破壳的谷子重新放进砻中加工。

米罗，“罗”中团转的意思。米罗是净米的专用工具，少作他用，制作方法与米筛相同，所用的竹篾也很细。与米筛的主要区别在于，米罗的筛目比米筛更小，约0.15×0.15厘米。净米的工序上是先用米筛，后用米罗。将筛出的糙米入臼而舂，“既舂以后，皮膜成粉，名曰细糠”。白米、细糠还有碎米都混在一起，必须用米罗“团转”，把碎米和细糠筛出来，得出精米。这时的“去粗存精”是“粗”（糠及碎米）在筛下，“精”在筛上。

簸箕的制作方法与米罗相同，所不同的是编簸箕用的篾较粗，由篾皮和骨篾相间编织，内直径约60厘米。簸箕编织得密不见孔，是净米的又一道工序——扬米去糠。如果臼舂后就直接用簸箕扬米去糠，工效很低，经过米罗先得出净米后，再用簸箕把细糠和碎米进行扬簸，扬出细糠，得出碎米，这样工效较快。簸箕也可作为其他五谷的净物工具，还可用来晾晒柿子、花生等。北魏贾思勰《齐民要术·种槐柳楸梓梧柞》：“至秋，任为簸箕。”唐代钟辂《前定录·刘逸》：“我读《金刚经》四十三年，今方得力，就说初坐时，见巨手如簸箕，翕然遮背。”金朝董解元《西厢记诸宫调》卷二：“弯一枝窍镫黄华弩，担柄簸箕来大开山板斧：是把桥将士孙飞虎。”

畚箕：用于装沙、土及杂物挑运，是一种简单而常用的挑运农具。《列子·汤问》中就有讲述愚公一家人“叩石垦土，箕畚运于渤海之尾”的移山故事。畚箕的使用极其普遍，全国各地均有，只是形制上有些差别，制作材料也有所不同。畚箕为竹制，主要分为低箕耳畚箕、高梁畚箕和圆箕。

低箕耳畚箕为竹制，先用一片长约105厘米，宽约2.5厘米的竹片煨烤弯曲成“U”字形，称“畚箕笴”，再从畚箕笴中心向两侧编排出若干条稍长于箕口的直篾，然后用横篾穿过直篾一上一下交错编织，直至箕口，终成箕状。每条横篾都必须绕过畚箕笴，使箕底和箕笴紧紧连成一体，而后在箕的两侧扎上箕耳。畚箕口宽42厘米，深48厘米。这种畚箕比较坚实耐用，装物量较多，挑湿土一担可装200余斤。挑运时，在两箕耳上紧系麻绳，绳的长短以挑运人的身高而定。到目的地时，用两手抓紧箕耳，配合肩膀合力一抖，沙土自可倒出。

高梁畚箕是在箕两边安竹箕梁，梁高约75厘米。这种畚箕一般装物量较少，倒沙土时必须先停下来，然后一箕一箕地倒，既影响效率，也耗费体力。但它的好处是箕梁固定，每次挑运时不必弯下腰来拉绳子，行走时畚箕不易摇摆。

圆箕形制似竹筐，但高度不到竹筐的一半，多用于挑沙土碎石之

畚箕

类。圆箕一般直径45厘米，高20厘米，容量颇大，用4条绳子系于箕沿，挑运时非常平稳。

筲箕：又称斗箕，元代王祯《农器图谱》称为“簸箕”，但这“簸箕”与净米的簸箕形制相差甚远。筲箕为竹制，其制作和形状与畚箕相似，但没有箕耳，做工也比畚箕精细些。筲箕有大小、长短、方圆等多种形状，既是使用上的需要，也体现竹匠的工艺技术。由于筲箕有个“U”字形的口，非常方便于装和倒，所以多用它作为晒场或仓库装谷物的工具，也可用于晒场扬谷，还可当簸箕使用，但功效比不上簸箕好。同时，筲箕还可当作米箕淘米。

谷箪：用于装储谷物，也是一张谷席，但形状及编织方法与谷席有所不同，用途也不同。谷箪用竹皮编织，以横纹层层向上编，竹皮比编箩的篾条稍宽稍厚，所以编出的谷箪也比较坚实。谷箪中间竖排着一根根的硬竹片，竹片与竹片间距约24厘米。竹篾绕着竹片一前一后层层编织，直至封边。谷箪有高有低，有长有短，看谷物多少而定。一般长五六米，高1.5～2米。平时把谷箪卷成一捆，用时将其展开围成一个竹围，合口处用铁夹夹紧，或用绳子扎紧固定，便可装谷物或其他农产品，极为方便。有的谷箪下面还垫有一块专门制作的圆木板，以防谷物受潮。

担：俗称扁担，是一种简单的挑运工具。担有木制也有竹制，从形状来看，可分为扁担和尖担。

扁担，潮汕地区俗称“批担”，长1.6～1.8米，中间稍宽，两头稍细，如鱼肚形。竹制的担，以苗竹为好。以整段竹竿为担的，称“竹槌”；破成片后加工成担的，称“竹扁担”。

尖担，也称“楤担”或“冲担”。尖担是一种两头尖的担，有木制也有竹制。《集韵·平声一·一东》释“楤”为“担两头锐者”。两头尖锐便于穿刺，专用于挑运柴草、甘蔗等。元代王祯《农器图谱》说：“斫圆木为之者谓之楤担。”虽是圆木，加工却也颇讲究。

尖担的中间约50厘米长一段，须修成扁形，使挑运时与肩接触面积大，压力相对分散，肩膀受之舒服。担的两头逐渐修小，呈锥形，有的还在两头套上铁锥。尖担比扁担长，一般在2米以上，但专用于甘蔗、树枝的尖担则相反，只有1.2米左右。

秧架、秧槽：竹秧架是用两片宽约5厘米、长200厘米的竹片，煨烤弯曲成“U”字形，在竹片顶端中心钻一个小孔，用竹笠将两片竹片串紧，在竹笠的下面扎上一条麻绳。竹秧架高约78厘米，宽42厘米。需用时，把两片竹片打开至适当宽度，将秧苗一扎一扎装上。一副秧架可装120～150扎秧苗，甚为方便。秧架也可挑运蔬菜、柴草等，用法相同。有的秧架制作时就把架底的宽度固定，方法是用三四片竹片均匀地排列于秧架的中间，用竹篾编织，使秧架底宽度固定。也有把架底编成篮状的，叫“篮子架”。

秧槽也是一种挑秧的农具，槽高约15厘米，直径40厘米，在槽沿上安竹梁。这种秧槽除挑秧外，还可挑其他农副产品，但不可挑柴草。

猪仔笼：潮汕地区把未离开母猪的小猪叫“猪仔”。离开母猪而又未成大猪的小猪叫“猪崽”或“猪栽”。猪仔笼就是用于装猪仔的竹笼，或上集市出售，或转送他地喂养，一般都用猪仔笼装运。所以，以前凡有养母猪的农家，大多备有这种用具。猪仔笼用较宽厚的竹篾编织，方法与编筐相似，笼目较大。高约65厘米，围宽处直径约60厘米，口直径45厘米，可装3～5

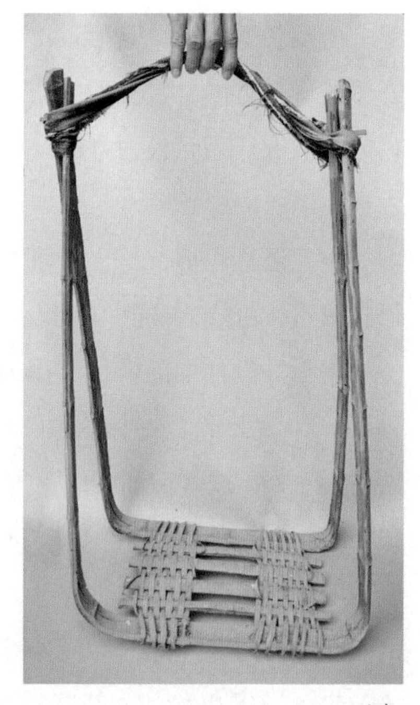

秧架

只猪仔。猪仔笼有时也用于装鸡、鹅、鸭、狗等其他家禽家畜。

鹅仔槽：槽围竹制，根据槽大小，用若干片竹片编织。竹片长约50厘米，宽2厘米，在竹片的上、中、下编织3道竹篾，使竹片相连成圈，竹片与竹片间距约5厘米。编成的槽围下大上小，呈截顶圆锥形。将木盆或铁盆套于槽围里，喂鹅时，把饲料倒入槽中，小鹅将头钻进槽围进食，各自以竹片相隔就不再争相夺食了。

鹅围：是圈养鹅、鸭的一种简便用具，由若干条竹片用竹篾编织而成。竹片长约65厘米，宽2.5厘米，竹片与竹片相距约5厘米。一块鹅围用70～90条竹片。平时把鹅围卷成一捆，用时将其展开，围成一个竹围，用小竹圈或小绳圈套住闭合处的两条竹片。围的直径一般是150～250厘米，小的可圈五六只，大的可圈十几只。圈鹅圈鸭，方法相同。

鸭笼：多由骨篾编制，状如一个平放的圆筒，孔目较大，一端是笼底，另一端留笼口，安笼闸（或叫笼盖）。笼长约60厘米，直径约35厘米。笼上编有笼梁，高约40厘米，便于提携。鸭笼有大有小，一般可关四五只鸭子。

鸡笼：一般以骨篾为主，间以竹皮编织成笼，笼目较大，呈三角形或六角形，笼顶编成锥形。笼高约60厘米，直径55厘米，可关四五只大鸡或十数只小鸡。鸡笼有时也关鸭，不过少见有关鹅的。农民到田间劳动时，可顺便用笼把鸡携带到野外放养，一举两得。

鸡簾：“簾”是罩、盖的意思，多用于关鸡，有时也关鹅或鸭。鸡簾用竹篾或藤条编织，孔目较大，没有底，下口大上口小，下口直径约80厘米，上口直径只有20厘米左右，高65厘米，像一个倒放着的大竹盆。鸡簾一般可罩五六只鸡、三四只鹅或鸭。有时主人外出，为避其走失，或采吃破坏屋前厝后瓜菜幼苗等，便把它暂时罩住喂养。

谷笪（晒谷席）：是一种晾晒谷物或者其他农产品的竹席。谷笪竹制，有大有小，一般长约270厘米，宽约210厘米。用竹篾的骨篾

（篾皮之下的第二层竹篾，没有篾皮那样柔韧耐用）和篾皮斜纹交叉编织，篾宽约1厘米。席两头以硬竹片压紧，可展开可卷起。晒谷时展开铺在平坦的地面上，将刚收割的谷子倒上去，再用竹筢抹匀。旧时没有水泥砌成的晒谷埕，晒谷席的优点是晒谷方便，不受场地限制，收放便利，特别是下雨时可快速将稻谷收起。

竹筢：是一种农用工具，主要用于翻晒谷子等农作物，有时也会用来清理落叶枯枝。如今在潮汕地区已经很少有人使用这种工具了。竹筢是有齿筢，一般用苗竹制作，分“硬竹筢”和“软竹筢”两种。硬竹筢的筢爪是直接从竹竿粗大的一头破开均匀地分成6～8片，破开的深度约25厘米，用竹篾依竹片上下交错穿串编织，使竹片逐渐分开成“丫”字形，然后用火慢慢煨烤，使竹片前端弯曲成爪。硬竹筢的爪和柄成一整体。软竹筢的筢爪部分则是先用竹篾编织，再安上一根竹柄。软筢的爪比硬筢多，一般有14爪，筢面也比硬筢宽，但竹爪较软，操作时较难控制。竹筢全长约160厘米，晒谷时用于散谷实及搂杂草，平时多用于搂柴草。揭阳茭荡池村的村民世代以做竹筢为生。一位老师傅每天能做20多把竹筢，而这一把看似平淡无奇的竹筢，其实需要几十道工序。制作竹筢时，首先要选择比较粗的老竹，锯成70～80厘米，再劈成宽约1厘米、厚度0.3厘米左右的条状。将竹条一端打好孔，让另一端弯曲，最难的便是如何使笔直的竹条弯曲成扇形，而这一道工序最为考验制作师傅的功力，因为这道工序需通过火烤来实现。若是火烤的温度过高，竹条容易烧焦；若是温度过低，竹条又不能弯曲成形，因此师傅们对于火候的掌控十分重要。接着用铁丝将十几片竹条串起来，再用削好的篾片编成扇形，固定在一根竹竿上，然后将竹条置于火焰之中进行烘烤，时不时地观看竹条的烘烤状态。不一会儿，一把竹筢便诞生了。制作好的竹筢会统一打包，漂洋过海销往国外，在异国他乡寻找依栖之处。

土砻：用于加工稻谷，去谷壳。砻和磨是一个家族的“亲兄

弟”。磨主要用于磨粉，而砻则用于去谷壳。砻、磨均从石，早先砻也是石制，更似磨。明代徐光启《农政全书·卷二三·农器·图谱三》：“有废磨，上级已薄，可代谷砻，亦不损米。或人或畜转之，谓之砻磨。”《天工开物》又介绍一种木砻，“凡砻有二种，一用木为之，截木尺许（质多用松），斫合成大磨形，两扇皆凿纵斜齿，下合植笋穿贯上合，空中受谷。木砻攻米二千余石、其身乃尽。凡木砻谷不甚燥者，入砻也不碎，故入贡军国、漕储千万，皆出此中也……凡木砻必用健夫，土砻即属妇弱子可胜其任。”据此，可能石砻笨重、难以控制、容易损米，上扇必须薄至不致把谷物磨碎，而木砻虽然碾出的米质好，却“必用健夫”才能推得动，所以石砻、木砻都先后被淘汰。唯土砻介乎两者之间，一直广为使用，尤其在比较落后的地区，到20世纪60年代仍用它来碾米。

土砻的制作也颇为讲究，先用竹篾编成两个近似竹筐状的圆竹围，上扇高28厘米，下扇高30厘米，直径约50厘米。将黏土反复槌击，使之黏实，然后把黏土填于竹围中，用槌夯实，置阴处晾干（不可暴晒）。下扇的中心安轴贯穿上扇，上扇上面须制成漏斗形，用于盛谷物，并留有斜口可让谷物流入砻中碾磨。上下扇均须安砻齿，砻齿用苗竹或硬木制成，先把苗竹削成小块，长约5厘米，宽0.3厘米，以火煨烤，至变赤

土砻

色，使其去湿而坚硬，待热气消退之后，在土尚未全干之前，将小竹片一片片有序地压入下扇上面和上扇下面，直排斜纹，相隔约0.5厘米一行。砻的下面设有十字形木制砻座，既使土砻放得稳，又不容易受潮。在上扇安一横穿出砻壁的方木杆，宽约8厘米，厚约5厘米，穿出砻壁两边各25厘米，作为砻柄，柄端凿有圆孔，可套砻臂。砻柄的中间上面有一块可调控砻盘松紧的长方体木头，叫砻帽，长约21厘米，厚5厘米，宽7厘米。砻帽上面两端各凿出一个三角形的小槽口，配上两块与槽口大小相同的三角形木楔，并用小绳子扎紧。木楔稍向前则砻盘较松，退后则紧，碾谷须调节至松紧适中。

砻谷时，将砻臂插进砻柄上的圆孔，像推磨一样，用力向逆时针方向推拉，使砻转动碾谷。在瞬间暂停时，砻柄不能正对操作者的前方，否则推拉不动。用砻碾出的糙米和谷壳混在一起，须去谷壳，得出糙米，然后用臼舂去米皮，再筛去米皮（即细糠），得出精米。细糠可作家禽、畜的饲料。旧时推砻碾米，一般都是家庭妇女完成。两人一天大约可砻200斤稻谷。也有专以替人砻谷为生的“砻铺”。后来，较先进的砻铺就逐渐改进用砂砻了。

附：“倒转砻”的故事

潮汕人把顺着习惯方向转的称为“正转”，逆着习惯方向转的称为“倒转”，推砻是向逆时针方向转动才能去谷壳，如果是必须向顺时针方向转才能磨去谷壳的砻，就叫“倒转砻”。

昔时有一农户，请师傅到家中制作土砻。主人忙着破鱼杀鸡准备热情款待师傅。到了中午，主人请师傅吃饭，菜倒是不少，可就是没看到上鸡肉。师傅心里纳闷，明明看见杀鸡，怎么不上鸡肉呢，难道主人是做样子看的，还是留着自己吃？下午安砻齿时，师傅越想越气，他故意把砻齿的排列顺序安反。土砻制作好了，主人付了工钱，同时把一包礼物也放进师傅的市篮里。师傅回到家里，把市篮里的东西拿出来一看，原来是一只完完整整的熟鸡。师傅这才知道是自己多心，冤枉了主人。第二天一早，他赶到制作土砻的主人家，再三道歉，并为主人精心制作好土砻。然后把那墩“倒转”砻搬回自家的院里，警示教育门人“学做砻要先学做人”。

竹水管：世界上最古老的自来水管便是竹子制作的，当时被称为“笕”，意思是安在房檐下或田间用来引水的长竹管。最晚在汉代，已利用竹制成竹缆绳用于打井。由于竹缆的抗拉强度达每平方寸4000千克，与钢缆的抗拉强度相似，故早在汉代便打出了深度达1680米的盐井。这种用竹缆打井的技术，19世纪才传入欧洲。1859年，美国人用这种方法在宾夕法尼亚钻出第一口石油井，为此人们把竹子喻为植物中的“钢铁”。2200多年前兴建的历史上的伟大水利工程——都江堰，就是竹子用于农田水利建设的典范。如今，竹水管在潮州庭院设计、民宿酒店多有应用，营造了典雅复古的氛围。

蜂箱：我国养蜂取蜜已有近2000年的历史。据记载，“后汉之末，约公元150年前后，有因嗜蜂蜜之甘香而专业养蜂者，在蜜源丰足之地方，养蜂获利甚厚。养蜂业始于陇南花果众多、蜜源可靠之地方，而逐渐向江南、浙东、闽南发展。”可见南方养蜂取蜜也是从中原逐渐传播过来的。养蜂的蜂箱（也叫蜂柜、蜂篓），各地形制不尽相同。在粤东、闽南，以前的蜂箱多为竹制，形状像一个朝鲜族的长鼓，两头大，中间稍细，长90厘米，两头直径35厘米，中间直径28厘米。在蜂箱中间一侧留有一个可让蜜蜂进出的小孔。养蜂人常把竹蜂箱挂于自家屋檐下或旧屋墙上。由于竹制圆筒形蜂箱既不耐用，也不方便装运，加上养蜂业规模的逐步扩大和交通条件的改善，后来便改进用木制蜂箱。

戽斗：是简单的汲水、灌溉或排水工具，既可用于灌溉，也可用于排水。传说戽斗是公刘创制的。公刘是夏代末年周族的首领，大约公元前1300年，他带领周族兴修水利，开垦荒地，发展农业，史有所载，但戽斗是否他发明的就不一定了。

戽斗是一个竹编的圆箕，后来用木或铁皮制成一个木（铁）盆，在盆壁对称的两边上下各系两条绳子。戽水时，两人各站一边，双手各拉住两条绳子，并一齐甩动木（铁）盆，当绳子稍放松时，盆（箕）插入水中，然后两人将绳子拉紧并用力向前，盆（箕）便随之向高处上扬，而后又稍放松绳子，盆（箕）又向下向后运动，水则因运动的惯性而向前泼出去。这样利用拉力和惯性，一张一弛，反复不断，达到灌溉或排水的目的。操作时，两人要配合得好，用力和放松节奏都要一致。

有一种戽斗是单人操作的。用竹或铁皮制成一个小箕，箕口和边沿用硬竹片压紧，箕口上方安一条弧形梁，再安上一根长约150厘米的木（竹）柄。戽水时两腿一前一后，侧着身子一弯一挺，甚为辛苦。戽斗主要适用于小面积的灌溉或排水，且水面与地面高相差不大。旧时贫穷农家大多没有水车，不少农户只能以戽斗代替，一人一天约可灌溉1亩水田。

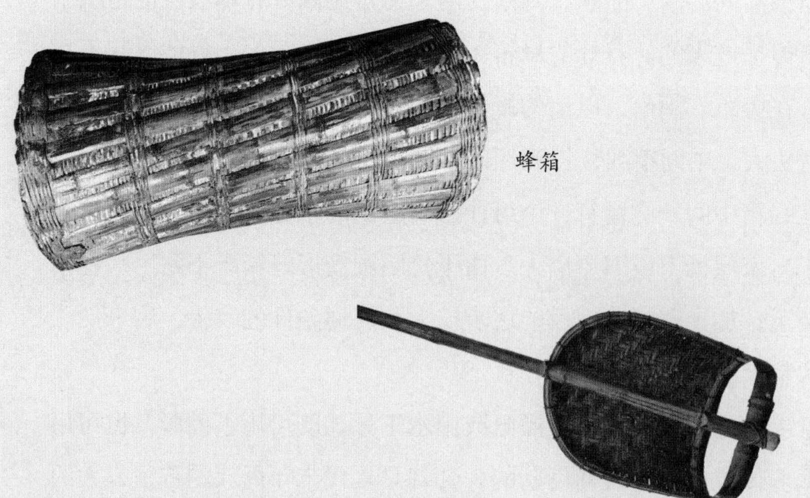

蜂箱

戽斗

竹笸、晒盘：竹笸是家庭常用的竹器用具，用竹篾编制。以苗竹砍削成宽约4厘米的竹片，分别弯曲成内、外面竹圈，外圈刚好套紧内圈；用宽约1厘米的骨篾和篾皮交叉编织一块小竹席，将小竹席四周均匀地夹进内、外两竹圈之间的夹缝，边缘略向上弯起，再以细篾皮或小藤有序地扎紧。制好的竹笸直径60～80厘米，深约6厘米。用时将它放置在阳台或小院里的高处，晾晒少量的谷类、豆类等食物，在室内则可放置果品或其他食物。

晒盘的形制与竹笸相似，比竹笸大，但制作没有竹笸那样精细，直径可达一二米，一般在晒盘底下扎有两根竹竿，两头均伸出晒盘三四十厘米，方便搬动。晒盘形制大而粗，像一块圆形的谷席，多用于加工作坊晾晒谷类、豆类、果类、肉类等加工品。

牛嘴笼：牛耕地时，常伸长脖子，偷吃旁边的庄稼或青草，影响工作效率。牛嘴笼也叫牛笼头、牛笼椇，用竹篾或藤交叉编织成透孔的帽状套，笼口直径约25厘米，深22厘米。耕作时将牛嘴笼套仕牛嘴，并用两根小绳系于牛头，牛便无法偷吃食物了。

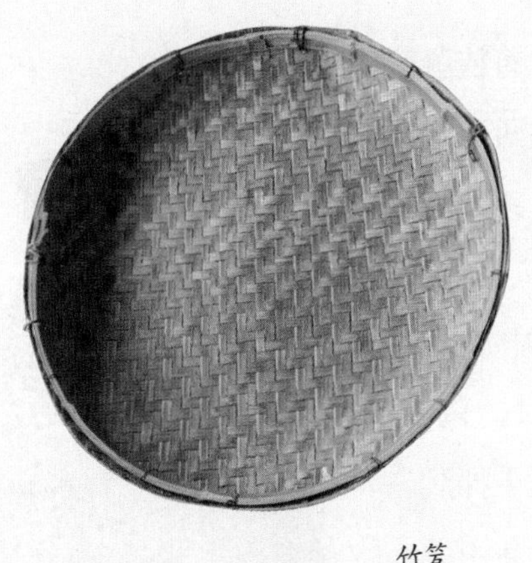

竹笸

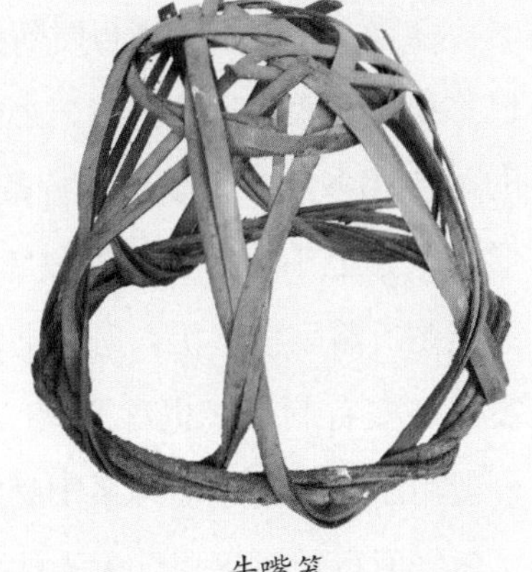

牛嘴笼

第五节 竹制渔具

一、使用竹制渔具的历史

根据人类的发展进程，狩猎和捕鱼远先于农业，所以渔具的出现应早于农具。唐代陆龟蒙《渔具十五首·序》中，已介绍了罟、罾、梁笱等10多种渔具。进入农耕文明以后，渔业自始至终都是社会经济活动的一个组成部分。尤其在南方，湖泊星罗棋布，河流蛛网交织，渔业自古就十分发达。

渔业的久盛不衰，使得渔具繁杂多样。在众多的渔具中，竹道具是出现最早、历时最久、品类最多、使用面最广的一类。

二、竹制渔具的种类

鱼篓：指专用于捕鱼时随身携带的装鱼篮子，所以也称鱼篮，大小尺寸不定，小的只装两三斤，大的可装10多斤。鱼篓由细竹条编制，多是扁圆形，下大上小，至篓颈处收缩，形成篓肩，篓颈至篓口略呈喇叭状。为防止鱼从篓中跳出，篓口多安有刺口，也称逆须。捕鱼时，鱼篓一般用小绳子通过篓颈系于腰间，便于抓到了鱼随时可放进篓里。太大的鱼篓则需用手

鱼篓

提动，捕鱼时将其放置在高处。

鱼崽篓

鱼苗篓：粤东地区俗称“鱼崽笼”，是一种挑运鱼苗的专用盛器。鱼苗篓为竹制（后来也有用铁皮制作），用砍削得细小而均匀的小篾条，像编箩那样编织成一只鼓形竹篓，篾与篾之间密不见缝，篓底稍平，中间外鼓，篓面收缩剩一个小口，再安上篓梁。篓高30厘米，中间最宽处直径54厘米，篓口直径28厘米，状似一只灯笼。竹篓编织后，篓里面必须加上一层防渗漏的油纸，里外两面均涂上熟桐油，晒干后，整只鱼苗篓金黄发亮，非常精致。新鱼苗篓在使用前必须整只放进水里浸泡几天，消除桐油所含有害物质后，方可盛鱼苗。挑运时，将鱼苗和水装满后，在篓口盖上一块用纱线编织的圆形网盖，防止挑运过程中鱼苗溢出。挑运用的扁担也是特别制作的，薄而柔韧，挑起来能上下摇动。一担装满水的鱼苗篓重约100斤。挑运途中，既要一直保持篓里的水均匀跳动，以增加水中氧气，又要注意不能让水和鱼溢出篓口，所以挑运者一上路就必须一直挑到目的地，不管路途多远，中间都不得停下歇息。潮汕地区有一句顺口溜：“一惨担鱼崽，二惨撑杉排……”把挑运鱼苗的辛苦程度列于诸多工种之首。

鱼笱、虾笱：鱼笱和虾笱都是一种“守株待兔”用于诱捕鱼、虾的器具。笱也称笼，粤东地区俗称“挝”，均为竹制，鱼笱大而疏，虾笱小而密。

鱼笱是用础篾（把竹子的竹皮连竹肉一起砍削成接近方形或圆形

的小篾条，破篾条时，竹和刀成十字形。这种小竹篾条既粗厚坚实又柔韧耐用）编成一个橄榄状的笼，有大有小，一般长约160厘米，中间直径约40厘米，笱上留有一两个口，口上编有逆须，使鱼能进不能出。鱼笱里面放些饲料为饵，然后安置在沟渠或涵口的水里，鱼一游进笱里觅食就被俘获了。

虾笱是用竹篾编成圆筒形，一般长25厘米，直径7厘米，也有较大的，上端编刺口，常置于池塘、沟渠水里。放置前，用炒过的米糠或麦皮拌稀粥，搓揉成团，每个笱里都放一小块，引虾进入笱中觅食而无法逃脱。

过去农民多利用晚间将鱼笱、虾笱放置在沟渠池塘里，清晨收回，有时收获颇为可观。

鱼罶：也是一种古已有之的捕鱼工具，至今在水乡地区仍见使用。“罶”也写作“篧”，即罩。东汉许慎《说文解字》（段玉裁注）：“罩鱼者也。网部曰：罩，捕鱼器也……释器曰：篧谓之罩。李巡云：篧，编细竹以为罩，捕鱼也。”鱼罶是由若干小竹子编制而成，竹子须质地坚韧，如桂竹、石竹等。高约50厘米，上口直径16厘米，下口直径70厘米，中间用三四道篾皮牢牢编串。小竹子的间隔上窄下宽，均匀排列，使之成为一个截顶圆锥形。捕鱼时，渔人手执鱼罶上口，观察水面变化，一发现有鱼，即迅速将鱼罶插向水里，然后伸手在鱼罶中摸捕。如果鱼被罩在鱼罶里就很容易活捉了。

鱼罶

罾网：常称为“罾”，是一种方网形捕鱼具，用这种渔具捕鱼称为“拉罾”，潮汕地区俗称“拗罾”。罾网是用苎纱编织成一块方形网，四周穿串小绳子，边长约5米，用4根竹竿的一端分别扎紧于4个网角，另一端收拢一处，呈仰伞状。靠外边的两根竹竿约4.5米，靠内边的两根竹竿长约3米。再用一根约4米长的较粗竹竿或木杆作为拉杆，将联结罾网的4根竹竿收拢捆绑在拉杆前头，拉杆的另一端抵在堤岸边，如果堤岸泥土松软，则在地上垫一块木头或石头，抵住拉杆，防止拉罾时杆头陷入泥土中。又在拉杆前端系一条长约5米的绳子，作为收、放罾网的拉绳。捕鱼时，将罾网置于江河沟渠水沿处，拉杆抵住堤岸，放松拉绳，使罾网沉入水中，约莫几分钟后，用力拉紧拉绳，拉杆上提，罾网便被拉出水面，没及时溜跑的鱼、虾就被网在罾中。

用罾网捕鱼也是一种很古老的捕鱼方式，东汉许慎《说文解字》描述罾网为“形如仰伞盖，四维而举之”。说明古今的罾网形制和捕鱼方法基本相同。南方水乡常见的罾网较小，沿海或湖泊的罾网较大。后来也有机械动力拉罾的，但捕鱼方式无异。

钓鱼竿：竹子因具有直、轻、细、长、坚韧等几大特点，所以自古以来一直是制作钓鱼竿的优等材料。《诗经·卫风》云：“籊籊竹竿，以钓于淇。”由此可见，早在2500多年前的周代，人们就已经用竹竿钓鱼了。我国竹材料资源丰富。竹子具有强度高、韧性好、回弹性能好的优点，是制作钓鱼竿必须具备的条件。尤其是生长在阳光不易照到的山间岩石缝里、生长时间为6～7年、长2米左右的老竹，竹身细长、竹节密、韧性好，是制作钓鱼竿特别是制作海竿的佳品。

制作同一套鱼竿的竹子成色必须一致，几根竹子排列，竹节最好一样齐，由上往下排列，粗细间距相等，熏火适中，不能老化，插口缠线紧密，涂漆均匀，并便于插入深度，防止垂钓时受力折断，上下各节配合完整，紧密无间隙，插口不能太薄，无裂痕。全竿装好后，整体要直，受力时弯成圆弧形，不受力时应恢复原状，轻重适度，手握竿根部抖动时应显得有弹性和韧性，外色和谐协调。

潮州水资源充沛，主要河流有韩江、黄冈河、枫江等。韩江是潮州市的母亲河，流经潮州主城区约3公里。它自西向东南斜贯潮州城区，流经潮安区，在澄海入海。黄冈河自北向南流贯饶平全境，于黄冈镇东风埭入海。枫江，榕江的一条支流，自东北向西南流经潮安区中西部，经凤塘镇流经揭阳玉窖镇，汇入榕江。除了江河，潮州的湖泊池塘也多，所以以渔为生和喜爱垂钓的人众多，钓鱼竿也成为百姓常见常用的器物。

《诗经·卫风·竹竿》中有最早咏及竹制钓竿的诗句："籊籊竹竿，以钓于淇，岂不尔思，远莫致之。"意思是，远嫁的卫女追忆儿时持细小纤长的竹竿垂钓淇水旁的情境，归乡之情顿生，但路途迢迢，欲归不能。从这首缠绵动人的诗中可窥知竹制渔竿已在民间普及开来。之后，无论是山野村夫还是帝王将相、文人学士，都喜用竹制钓竿。文人学士还留下众多咏及竹制钓竿的诗篇，如唐代诗人孟浩然《岘潭作》云"试垂竹竿钓，果得槎头鳊"；白居易《渭上偶钓》云"渭水如镜色，水中鲤和鲂。偶持一竿竹，悬钓在其旁"。

潮州竹制渔具还有很多，不一一列举。

第六节　竹制玩具

在玩具的历史中，捏塑的泥玩具、削刻的竹木玩具、编织的棕草玩具是较为久远的。潮州笔架山出土的唐宋年间的酱褐釉小狗、小鱼等陶瓷小品，说明1000年前在潮州已有一种经过烧烤的玩具工艺品。

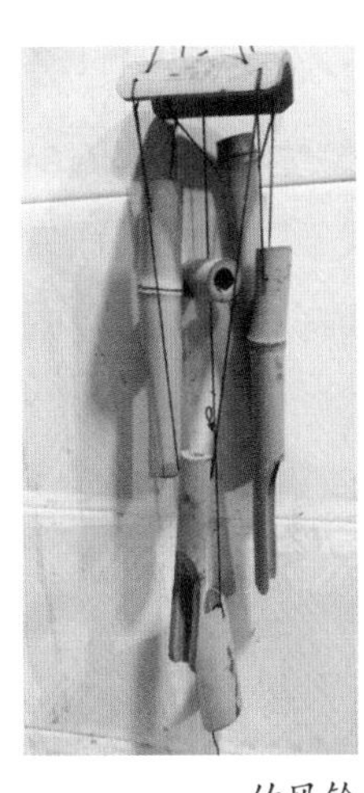

竹风铃

竹水车

而竹木草这类不易保存的玩具，现在很难看到古代的实物，但在民间还是流传至今。

竹木玩具是利用竹材通过削、雕、磨光、上漆、安装等工序制成的小玩具，有动物、器皿、家具等造型。1979年，潮州竹艺厂利用制作工艺竹盘的竹编织板边角料，设计组合的床椅小玩具，每套一床四椅，拆合随意，很有山区农家的自然趣味。该厂根据竹的特性和用户的心理，设计了竹花篮、竹水桶等可用可撰的实用小玩具，在工艺处理上，有编织的、有用简单的铁模具冲剪和用锯、粘、绑结合的技艺，很受欢迎。

1984年，技艺人员李秋鑫等综合运用苗竹材料、竹青作编织用。竹黄通过热压处理，制作为匙吊小玩具和各款书笠，轻巧美观。

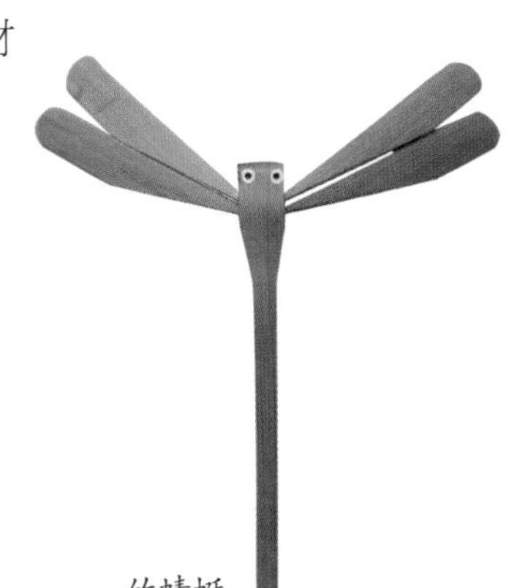

竹蜻蜓

竹马：是一种儿童玩具，典型的式样是一根杆子，一端有马头模型，有时另一端装轮子，孩子跨立上面，假装骑马。

竹蜻蜓：是一种中国传统的民间儿童玩具之一，流传甚广。竹蜻蜓由两部分组成，一是竹柄，二是“翅膀”。玩时，双手一搓，然后手一松，竹蜻蜓就会飞上天空，旋转一会儿后才会落下来。它是中国古代一个很精妙的小发明，这种简单而神奇的玩具，曾令西方传教士惊叹不已，将其称为“中国螺旋”。20世纪30年代，德国人根据竹蜻蜓的形状和原理发明了直升机的螺旋桨。

空竹：古称胡敲、空钟、空筝，俗称嗡子、响铃、转铃、老牛、闷葫芦、风葫芦、响葫芦、天雷公公等，属于汉族民间传统玩具。典型的空竹有单轮和双轮之分，双轮的空竹形如腰鼓，以竹或木制成，两头为两只扁平状的圆轮，轮内空心，轮上挖有四五个小孔，孔内放置竹笛，两轮间有轴相连；单轮的空竹则形如陀螺，一侧有轮。因其轮内空心而有竹笛，故名“空竹”。

竹风筝：风筝，古代叫纸鸢，是由古代劳动人民发明于中国东周春秋时期的产物，至今已2000多年。相传墨翟以木头制成木鸟，研制三年而成，是人类最早的风筝起源。后来鲁班用竹子改进墨翟的风筝材质。直至东汉期间，蔡伦改进造纸术后，坊间才开始以纸做风筝，称为纸鸢。到南北朝时，风筝开始成为传递信息的工具；从隋唐开始，由于造纸业的发达，民间开始用纸来裱糊风筝；到了宋代的时候，放风筝成为人们喜爱的户外活动。宋代周密《武林旧事》写道：“清明时节，人们到郊外放风鸢，日暮方归。”“鸢”就指风筝。北宋张择端的《清明上河图》、宋代苏汉臣的《百子图》里都有放风筝的生动景象。

放风筝是潮州民间传统的群众性娱乐活动，清嘉庆《澄海县志》载：“九月重阳，是月竞放风筝。”新版《澄海县志》载潮俗有“九月九，风琴仔，满街走”的民谣。现在每逢秋高气爽之时，韩江南堤、北堤、凤凰洲、人民广场和各个公园也常有群众放风筝。传统的风筝款式、种类很多，分为板式风筝、软翅风筝、串式风筝、半浮雕立体风筝等，图案样式以神话人物、动物、龙凤虫鱼等为主，传统手工制作流程分为破竹、量竹、烤竹、扎架子、棚贴、彩画、串线等多道工序，具有一定的艺术价值。

第七节　其他竹用品

花撑：旧时的裁衣支架，多用厘竹。1937—1938年间开始，汕头外商（俗称“狗头行”）每年8—9月间到潮州各竹铺、竹筷铺订购花撑，即是用竹破成竹片，加工削圈，或用薪竹子洗白锯齐，长度为60厘米。每年两批，每批10吨左右，这也是潮州厘竹生产的雏形。潮州竹器厂、潮安厘竹工艺厂为配合外贸出口的需求，分别于1957年、1958年开始生产厘竹出口，主要采用梅县地区、闽北等地野生厘竹，通过去壳削日，洗白晒干，剔除虫蛀、斑点，再按口径大小分类，两头锯齐，把竹子烤热、拗直，然后按规格数量捆扎成件包装，每件不超过也不轻于规定的磅重，故称之为“磅厘”，凡加以染色的称之为“染厘”，主要销往日本、英国、加拿大、美国等国家。有的日本人将厘竹作为墙壁筋条，因造价低、轻便，适用于多地震区。也有的用于渔业、农业和工业晾纱等方面。以上两家企业年产厘竹合计近2000吨，年创产值近100万元。

竹炭：陆游《老学庵笔记》卷一《竹炭》载：“北方多石炭，南方多木炭，而蜀又有竹炭，烧巨竹为之，易燃无烟耐久，亦奇物。”且说：“邛州出铁，烹炼立于竹炭，皆用牛车载以入城，予亲见之。”在陆游的记述中，证明南宋时四川人爱用竹炭。竹炭容易点燃、无烟、耐久，真是稀奇之物。

竹炭是以三年生以上高山毛竹为原料，经近千度高温烧制而成的一种炭。竹炭具有疏松多孔的结构，其分子细密多孔，质地坚硬。有很强的吸附能力，能净化空气、消除异味、吸湿防霉、抑菌驱虫。与人体接触能去湿吸汗，促进人体血液循环和新陈代谢，缓解疲劳。经科学提炼加工后，竹炭已广泛应用于日常生活中。

笋壳：笋壳也称竹壳，就是笋肉外面的壳，随着笋逐渐长大，外面的壳随之一层层往下掉，最后我们看见的竹子就是以前的笋肉。

笋壳的主要用途：一是作动物饲料。鲜笋壳可直接制干粉碎作为动物饲料。用轧料机将鲜笋壳轧成2～3 厘米长的碎，有利于晒干和粉碎。将轧碎的鲜笋壳晒干，如遇雨天，就加入少量生石灰。一般轧碎的鲜笋壳2～3个晴天就能晒干。再把晒干的笋壳进行粉碎，制成笋壳粉。将笋壳粉配进畜禽的饲料中进行饲喂。二是造纸。成熟的笋壳是一种很好的造纸原料，纤维长度一般为1500～2000微米，宽为10微米。老笋壳经过轧软和除尘处理，不仅可生产一般的书写纸和糖果纸，而且可以作为生产高级印刷纸和卷烟纸中的掺用浆。三是栽培食用菌。将笋壳进行粉碎和去除水分后，和上调和酸碱度的石灰，包装成食用菌菌包，实现笋壳的环保、生态、可持续的无公害处理。临安县农民用笋壳栽培高级食用菌竹荪已获得成功。四是包装食物。因干笋壳内壁光滑，昔时干笋壳常用于包装食物，如鱼类、肉类、普洱茶等，既环保又干净，且不会污染环境。

粽叶：包粽子一般用竹叶，也有用箬叶、簕叶、芦苇叶等。将大片整齐的竹叶洗净，用开水烫过。包粽子时，将绿豆和糯米混在一起，放入卷成冰激凌状的粽叶中。可以事先插根筷子，然后摇一下再取出，糯米和绿豆会紧实一些。然后放入虾米、香菇、蛋、用香料腌制好的五花肉、整片的蒜头等，再盖上一层绿豆和糯米，将粽子叶盖好。用手修整成三角形，将粽子包紧，再放入沸水中煮熟。

CHAPTER 4

第四章 青莎覆城竹为屋

——潮州竹建筑

中国是竹类资源最多的国家之一，竹子的属、种和面积在世界上都居领先地位。而在上古，竹的分布范围比现在要广阔得多，竹林资源要比现在丰富得多。据历史典籍记载，上古时期不仅南方广布竹林，而且北方黄河流域也曾是竹类的原产地之一，竹林分布面南及海南、东至台湾、北达山西、西到西藏。竹林资源丰饶，这为中华民族取竹材建筑其生活居所提供了基本条件。先人最大限度地利用竹材，并积极栽培竹林。在建造房屋时，因地制宜把竹材作为一种主要建筑材料加以运用，甚至建成丰富多彩的竹制建筑。潮州文化保持着大量古中原文化的传承，因而在建筑方面也将竹作为极其重要的建筑材料。

竹走廊

第一节　竹建筑基本样式

竹与中国传统建筑有着千丝万缕、密不可分的联系，仅从多种多样的竹建筑名称就可以看出来：竹房、竹舍、竹馆、竹屋、竹楼、竹阁、竹轩、竹斋、竹棚、竹宫等。以竹为材料的建筑，从机构、外形到布局、装饰，既适应了潮州湿热的地理环境，又满足了农耕文明的生活需求，还契合了潮州人对自然的理解与态度及其文化心理、审美情趣。

一、竹制民间建筑

（一）竹屋

“屋”为中国民居的泛称，可称代所有的居住建筑。但在特定语境中又与“楼”“阁”等相对应，指单层的普通居住建筑形式。竹屋之屋大都为后一义。竹屋在中国古代的南方非常普遍。盛唐诗人张籍在《江南曲》一诗中曾描述了其时江南的竹屋建筑，诗云：

江南人家多橘树，吴姬舟上织白纻。
土地卑湿饶虫蛇，连木为牌入江住。
江村亥日长为市，落帆渡桥来浦里。
青莎覆城竹为屋，无井家家饮潮水。
长江午日酤春酒，高高酒旗悬江口。
倡楼两岸悬水栅，夜唱竹枝留北客。
江南风土欢乐多，悠悠处处尽经过。

江南地势低，气候炎热，湿度较大，故普遍构竹为屋，呈现出

竹屋

“青莎覆城竹为屋”的景象。

时至宋代，诗词歌赋中多有写到竹屋。苏轼在《泗州南山监仓萧渊东轩》诗中云：“偶随樵父采都梁，竹屋松扉试乞浆。”还说：“岁行尽矣，风雨凄然。纸窗竹屋，灯青荧荧。时于此间，得少佳趣。”陆游的《简苏训直判院庄器之贤良》诗云：“行尽天涯白发新，槿篱竹屋著闲身。读书达旦失衰病，食菜终年安贱贫。”《西邻亦新葺所居复与儿曹过之》诗又曰：“竹屋茆檐烟火微，长歌相应负乐归。”他们均把竹屋视为安贫乐道、恬淡自适、皈依自然等性格情趣之所，赋予竹屋以特定的文化内涵。

随着人们生产能力的提高，竹屋在江南沿海一带逐渐减少，但一些少数民族聚居区、山区仍保留有竹屋这种民居建筑。清代余庆远《维西见闻记》载，怒族“覆竹为屋，编竹为垣”。居住在台湾地区的高山族支系泰雅人和赛夏人常以竹材构屋。他们用粗竹为柱，把竹劈成两半如砌瓦式竖立为墙壁、平铺为屋顶，屋顶以竹为葺，建成竹结构住屋。潮州现代竹屋主要分布在山区、半山区，以旅游度假区、风景名胜区等地较为常见。

竹屋的优点有：竹子能够通过更换损坏部分而得到经常性维护，

亦能够在现代建筑中被合理应用。竹建筑的技术要求不高，大多数竹房屋的建造基于当地技术水平。竹子的多功能性为经济型乃至高档建筑提供了丰富的技术选择，而且竹建筑容易和先进技术融合使用。竹子的抗震能力也非常突出，其质量轻、弹性好。南方地区夏季气温高，而竹房屋清爽透气，适宜避暑。

（二）竹楼

竹楼是最有代表性、最富特色的竹制民居建筑。

在中国古代，竹楼遍及南方各地。唐代政治家、哲学家、文学家刘禹锡在公元805年被贬到郎州（今湖南常德市）时，写下《采菱行》一诗描绘常州风土人情，说当时武陵那“家家竹楼临广陌，下有连樯多沽客”。“家家竹楼”，说明其时竹楼建筑之盛。唐代李嘉祐的《寄王舍人竹楼》诗云：“傲吏身闲笑王侯，西江取竹起高楼。南风不用蒲葵扇，纱帽闲眠对水鸥。”唐代文献述及竹楼者甚多。

唐代以降，竹楼的兴建仍未衰竭。宋初王禹偁在咸平元年（998）被贬为黄州（今湖北黄冈市）刺史的次年，在任所修建竹楼二间，并作《黄冈竹楼记》一文以记之。明代陈确的诗中常常提及竹楼，《寻禺公同访董居士次禺韵》说：“昨日寻师到竹楼，今朝许我共郊游。”《过尔立山中》又说：“竹楼高敞四窗虚，明月清宵好看书。”

在经济较为发达的东南沿海地区，竹楼逐渐为砖木结构和钢混结构建筑所取代；但在西南少数民族地区，竹楼仍相沿不衰。明代李思聪《百夷传》记载：“公屏与民居无异，虽宣慰亦楼房数十而已。制甚鄙猥，以草覆之，无陶瓦之设，头目小民，皆以竹为楼。”时至今日，在傣族、景颇族、德昂族、布朗族、基诺族和部分佤族、傈僳族、拉祜族、怒族、哈尼族聚居区，竹楼仍为主要的民居建筑样式。西南少数民族的竹楼是用粗竹或圆木为柱、梁，以竹篾编成墙栏，用草排盖房顶，以竹或木板铺楼板，建成两层楼房，上层住人，下层养牲畜和放杂物。

（三）竹凉亭

竹凉亭是用竹子搭建而成的亭子，一般为敞开式结构，有单层也有多层，造型美观，不仅是供人憩息的场所，也是旅游景区独特的景观建筑，具有美好的欣赏价值和园林文化艺术价值。诗文见叙于唐代。唐代诗人独孤及《卢郎中浔阳竹亭记》云："伐竹为亭，其高，出于林表。"潮州的山林景区常见其身影。

竹凉亭

（四）其他竹构民居

竹构民居尚有竹堂、竹馆、竹阁、竹轩、竹斋等建筑形式。

堂：在中国传统建筑中占有重要的地位。其一义为宫室的前部分，另一义则指四方而高的建筑。堂的建筑形式亦可以竹为材料建造。初唐文人虞世南所作《春夜》诗写到竹堂："春苑月裴回，竹堂侵夜开。惊鸟排林度，风花隔水来。"竹堂被描绘为极为静谧之所。中唐诗人元稹《题王右军遗迹》描写竹堂说："生卧竹堂虚室白，逍遥松径远山青。"宋代大文豪欧阳修亦有《绿竹堂独饮》《暇日雨后绿竹堂独居兼简府中诸僚》等作品咏及竹堂。

阁：为中国传统楼房的一种，以四周设福扇或栏杆回廊为特点，供远眺、游憩、藏书和供佛之用。阁以竹材建构而成为竹阁。中国古典文献对竹阁也颇多记载。唐代周贺《寄金陵僧》诗曰："水石致身闲自得，平云竹阁少炎蒸。"赵嘏《吕校书雨中见访》诗曰："竹阁斜溪小槛明，惟君来赏见山情。"白居易所修筑的竹阁至宋时犹存，僧志诠作柏堂"与白公居易竹阁相连"，苏轼由是作《竹阁》诗，云：

海山兜率两茫然，古寺无人竹满轩。
白鹤不留归后语，苍龙犹是种时孙。
两丛却似萧郎笔，十亩空怀渭上村。
欲把新诗问遗像，病维摩诘更无言。

轩：为有窗槛的长廊或小室，也有以竹制成的。唐代赵嘏《忆山阳》说："家在枚皋旧宅边，竹轩晴与楚坡连。"谭用之《送友人归青社》又说："好期圣代重相见，莫学袁生老竹轩。"苏轼对竹轩也颇有兴趣，所写《送鲁元翰少卿知卫州》诗说："夜开丛竹轩，搜寻到筐筥。"竹轩引申为隐者之居。此外，杨万里的《清虚子此君轩赋》、方孝孺的《友筠轩赋》等均写到了竹轩。

棚：竹棚为用竹、木、芦苇等搭成的临时性或简陋小屋。临时需要或因经济条件差时建构居住栖息之所，则因陋就简，就地取材，用竹构架竹棚。元代马祖常《钱塘潮》诗云："石桥西畔竹棚斜，闲日浮舟阅岁华。"诗中所言竹棚，有表现尚俭避华生活意趣的旨意。搭

许驸马府

棚作为潮州民间传统工艺，广泛应用于楼宇的建设、翻新和修理上，建成临时工作平台，供工人进行高空作业，直至今日，搭棚仍是建筑行业不可缺少的工种。过去潮州有钱人家里有老人去世时，往往房外搭建临时竹棚做功德，为亡人超度，而在运送棺木的临时出入口、道路和码头等，有时还搭建祭祀牌坊和纪念性牌楼。还有一种在潮汕地区常见的场面：每逢时节，在神庙前的空地上，也会用竹子搭起戏棚，请戏班唱潮剧。

潮州搭棚的棚架以竹为主结构，旧时是用竹的表层剥开为薄条作为缚索，当代则直接用塑料条为缚索。在搭棚中，棚架的直杆或立杆称为“企柱”，横杆称为“横搭”，斜杆称为“斜撑”，常见的棚架分双行竹棚架、外伸桁架式竹棚架和招牌竹棚架三类。木板或竹笪为间格，上面盖草，称为草棚、草寮。按实用分，有兵房、民房、凉棚、晒棚和建筑辅助棚等；而从仪式功能方面分，则有戏棚、醮棚、牌楼、灯棚、彩门、灯谜棚等，这些也称为彩棚、彩楼。

竹编灰壁：是昔时南方特有的建筑特色，按南方的气候特点设计，用料与工艺均有讲究，主要是用竹片和竹篾编制，再和上泥土、贝灰夯实，这种超轻质墙厚度只有两三厘米，既省工、省料，又能起到隔热、隔音、抗震的作用。国家文物保护单位潮州许驸马府位于潮州市区中山路葡萄巷东府埕4号，占地面积2000多平方米，三进五间，平面布局及特色保存完整，被不少建筑专家认为是“国内罕见的宋代府第建筑”。许驸马府有“三宝”：竹编灰壁、石地栿、S形排水系统。许驸马府全宅木屋架概为近于穿斗的穿插屋架，并立于条状连续石地梁上。墙体为板筑夯灰和青砖条浆砌，后座正厅东侧二墙壁仍保留桃红色的竹编灰壁。屋面举折平缓，山檐深远，正脊两端从山尖伸出石质鳌尖，垂脊头开嘴甚长。整座建筑结构严谨，古朴大方。驸马府厅堂的墙面有一小洞，可以看到竹编的内壁。让人意想不到的是，这用竹和贝灰合成的薄壁历经900多年，至今还完好。

竹编灰壁

二、竹制宗教建筑

中国是一个多种宗教并存的国家，既有古代流传下来的宗法性宗教和后来产生的道教，又有从国外输入并逐渐中国化的佛教、基督教、伊斯兰教等。各种宗教均有其独特的宗教活动场所，建有别具一格的宗教建筑。竹亦被引入中国的宗教建筑之中，建构成带有浓厚中华文化特色的中国宗教建筑。潮州各种宗教形态纷繁杂陈，又处于竹子生产区，故相关竹制宗教建筑亦有涉及。

（一）竹制佛教建筑

佛教在两汉之际传入中国后，即不断被中国化。佛教中国化的一种外显的标志即佛教建筑融入中国传统建筑的一些特征。在建筑材料上，竹木材料被佛教建筑大量采用。南朝营造大批寺院，耗费了包括竹材在内的大量财富，故萧摩之揭露刘宋广造佛寺的情况说：“各务造新，以相夸尚。甲第显宅，于兹殆尽；材竹铜彩，糜损无极。”佛寺、佛殿、佛院、佛房等佛教建筑群均有以竹构造的。

佛寺是僧众供佛的处所，为佛教建筑的统称。佛寺以竹营造者颇多。唐代李洞《赋得送贾岛谪长江》诗说：“笻桥过竹寺，琴台在花村。”谭用之《闲居寄陈山人》诗亦云：“破梦晓钟闻竹寺，沁心秋雨浸莎庭。”苏轼所作《送范景仁游洛中》诗说：“折花斑竹寺，弄水石楼滩。”

中国佛教建筑采纳了中国传统建筑“院”的形式，建成佛院、寺院。有时佛院或寺院亦指佛教场所的其他房屋。佛院以竹构造而成的被称为“竹院”。唐代李涉《题鹤林寺僧舍》诗曰：“因过竹院逢僧话，又得浮生半日闲。”顾况《鄱阳大云寺一公房》诗也说：“尽日陪游处，斜阳竹院清。”另鲍溶也写有《题禅定寺集公竹院》诗描绘竹院。

禅房为佛教徒修行禅定和栖息之所，以竹营造者被称为“竹房”。唐初文人宋之间《游法华寺》诗咏及佛寺的竹房：“苔涧深不测，竹房闲且清。”刘长卿《将赴岭外留题萧寺远公院》诗也说：“竹房遥闭上方幽，苔径苍苍访昔游。”李嘉祐还写有《题道虔上人竹房》诗。

佛殿是供奉佛之所，以竹构之则为“竹殿”。唐代贞元年间的栖霞寺的佛殿即由竹营造。张汇《游栖霞寺》诗描绘到这座竹殿：

> 跻险入幽林，翠微含竹殿。
> 泉声无休歇，山色时隐见。
> 潮来杂风雨，梅落成霜霰。
> 一从方外游，顿觉尘心变。

（二）竹制道教建筑

在佛教传入中国的两汉之际，中国本土文化同时培植出道教。道教这一本土宗教与竹的关系极为密切，不仅许多建筑以竹建构，而且以竹为崇拜物之一。道教的竹建筑有竹观、竹殿等。

观为道教的庙宇，以竹建者为竹观。五代杜光庭《题本竹观》曰：

楼阁层层冠此山，雕轩朱槛一跻攀。
碑刊古篆龙蛇动，洞接诸天日月闲。
帝子影堂香漠漠，真人丹涧水潺潺。
扫空双竹今何在，只恐投波去不远。

道教供奉太上老君及神仙的殿也有以竹筑就的。杜光庭《题福堂观二首》（其一）曰：“盘空蹑翠到山巅，竹殿云楼势逼天。”福堂观的竹殿高大巍峨，气势宏壮。

道教进行宗教活动的法坛也有用竹子搭成的，名曰“竹坛”。唐代钱起《宴郁林观张道士房》诗说：“竹坛秋月冷，山殿夜钟清。”

（三）竹制宗法性宗教建筑

中国宗法性宗教的建筑亦常由竹材建构，形成了竹宫、竹庙、竹祠等建筑形式。人宫即宗庙，为中国古代帝王、诸侯或大夫、士祭祀祖宗的处所。以竹构之则为竹宫。汉武帝曾在甘泉祠旁营造竹宫（此宫又名甘泉祠宫）。《三辅黄图》载：“竹宫，甘泉祠宫也。以竹为宫，天子居中。”南朝任昉作《静思堂秋竹赋》写及甘泉祠宫，曰：“竹宫丰丽于甘泉之右，竹殿弘敞于神嘉之傍。”似乎此宫的建筑群以竹构营造者甚众。梁朝时在泰山亦有竹宫建筑，梁武帝《柯南郊恩诏》曾说：“临竹宫而登泰坛，服裘冕而奉苍璧。”唐代韦庄《鹧鸪》诗写及祭祖的宗庙，说：“孤竹庙前啼暮雨，汨罗祠畔吊残晖。”

竹材还普遍用于园林建筑与军营建筑之中。此外，还有围在房屋周围的竹篱笆。

第二节　建筑竹材

一、建筑竹材的基本用途

竹材在中国古代是一种极为重要的建筑材料，建筑物的柱、梁、椽、门、窗、瓦、楹、檐及楼板、阳台等部位均可用竹建构。竹子种类繁多，各类竹的粗细、长短、质地不同，因而可以“随物赋形”，用作房屋各个部分的建筑材料。清代沈曰霖《粤西琐记》中具体记载了竹子应用于建筑的论述。文云：“不瓦而盖，盖以竹；不砖而墙，墙以竹；不板而门，门以竹。其余若椽、若楞、若窗牖、若承壁，莫非竹者。”

“编壁”是中国传统建筑中建墙的一种方式。唐代大诗人白居易为江州司马时，曾于元和十二年（817）在庐山香炉峰寺间建成草堂，并赋《偶题东壁》诗描绘，说：“五架三间新草堂，石阶桂柱竹编墙。”白氏所建草堂之墙即由竹编制而成。宋人所作《营造法式》卷十二“隔截编道”一节曾对以竹编织墙壁之法作出如下描述：“造隔截壁程内竹编道之制，每壁高五尺，分作四格，上下各横用经一道，格内横用经三道，并横经纵纬交织之。”在房屋墙壁方位立下方柱，柱间留下约90～120厘米的空位，以竹篾条纵横编织绑紧，然后在其内外抹泥，泥上抹石灰，即成厚度不足6厘米的薄轻墙壁。亦有不在编壁上抹泥和石灰的编，如小凉山彝族居住的“竹篱板舍”，其墙壁是由竹木篱笆

竹材

排扎而成的；云南的傈僳族和怒族居住的竹篾房，墙壁多为竹篾席。

竹材还可制作椽梁。东汉著名学者蔡邕曾述说过他的奇异见闻："吾昔尝经会稽高迁亭，见屋椽竹东间第十六，可以为笛。取用，果有异声，伏滔《〈长笛赋〉序》云：'柯亭之观，以竹为椽，邕取为笛，奇声独绝'也。"可见其时今江浙一带以竹为材料的建筑很普遍。《猗觉寮杂记》记载："岭表有竹，俗谓司马竹，又曰私麻竹。《南越志》曰：沙麻竹，可为弓，似弩，谓之溪子弩，或曰苏麻竹，或曰虫麻竹，今讹为司马竹。《岭表录异》云：沙麻，大如茶盌，厚而空小，一人擎一茎，堪为椽梁，正此竹也。""司马竹"茎粗大，内空小，壁厚实，具有较大的承受能力，故可制作椽梁。唐宋许多诗文咏及竹制椽梁。元稹《茅舍》诗曰："楚俗不理居，居人尽茅舍。茅苫竹梁栋，茅疏竹仍罅。"苏轼亦有《寄葛苇》诗云："竹椽茅屋半摧倾，肯向蜂窠寄此生。"中国南方传统建筑以竹材为椽梁者为数不少。

以竹为梁柱时亦有之。上文所引《猗觉寮杂记》说"司马竹"，"堪为椽梁"。在不少地区，粗大的"龙竹"常用作房柱和房梁。房柱或为劈成两半的竹，或为整根竹。在竹房柱适当位置挖出孔，把竹梁穿进孔中，略为绑捆加固，就构成了竹房屋的屋架。

竹还可以加工成建筑用瓦。竹子一剖两半，其形状与陶瓦相若，正反相扣相衔，铺排在房顶上，可代替瓦片起遮阳挡雨之用，故名"竹瓦"。元稹《夜雨》（校书郎已前作）云：

水怪潜幽草，江云拥废居。
雷惊空屋柱，电照满床书。
竹瓦风频裂，茅檐雨渐疏。
平生沧海意，此去情为鱼。

诗中所描写的"废居"之顶覆盖的就是竹瓦。唐代另一诗人齐己《荆渚偶作》诗亦咏及竹瓦："竹瓦雨声漂永日，纸窗灯焰照残更。"

竹材尚可制作门窗。古人诗文每每写到竹门、竹扉、竹扃、竹关、筚门等。南北朝吴均《王侍中夜集诗》曰："抽兰开石路，翦竹制山扉。"唐代李中《访山叟留题》诗云："策杖寻幽客，相携入竹扃。"《寄庐山庄隐士》又云："烟萝拥竹关，物外自求安。"周贺《春喜友人至山舍》诗云："鸟鸣春日晓，喜见竹门开。"杜牧亦有《冬至日遇京使发寄弟》诗曰："竹门风过还惆怅，疑是松窗雪打声。"叙及竹窗者亦为数不少。卢纶《宿澄上人院》诗云："竹窗闻远水，月出似溪中。"李中《秋雨二首》（其二）曰："竹窗秋睡美。"《怀庐岳旧游寄刘钧因感鉴上人》又说："寄宿爱听松叶雨，论诗惟对竹窗灯。"可见中国古代竹制门窗并不少。

此外，还有竹楹、竹檐等。唐代张埴《奉和岳州山城》诗说："郡馆临清赏，开扃坐白云。讼虚棠户曙，静观竹檐曛。"姚合《垂钓亭》诗云："由钓起茅亭，柴扉复竹楹。"

潮州饶平客家土楼就有运用竹材。土楼建筑风格与特点，是巧妙利用山间狭窄的平地和当地的生土、木材、竹材、溪河鹅卵石等建筑材料，就地取材建造，既符合中国传统建筑"风水"理念，又能适应聚族而居的生活和防御要求，具有节约资源、坚固、防御性等特点。土楼的建造用料很独特，其高大楼壁都是用生土佐以砂石，用木条和竹片作筋骨，经过反复揉打、碾压，层层夯筑而成。厚1.5米，基宽2米，墙基奠石块。楼层高2～5层不等，楼内直径大的有135米，小的有15米，住户多的有120户，小的有十几户。高层楼房底层墙厚五六尺，一般的也有三四尺。

潮州饶平客家土楼有590多座，其中圆形土楼达570余座。分为楼房和平房两种，造型有圆形、方形、八角形、背椅、蟹形等。县境北部山区的上善、上饶、饶洋、新丰、建饶、九村、三饶、新塘；中部丘陵的汤溪、浮滨、坪溪、浮山、东山、渔村、新圩、樟溪、钱东、高堂、联饶等19个乡镇，都建造有这种大小有分、高低有别、错落有致、环形相接、造型多样、结构精巧、规模宏伟的古堡式土楼。居住在这些土圆楼内的村民绝大多数是客家人，据说其祖先来自中原黄河流域汉民族支系的后裔，于元代或明初先后由闽迁徙入饶定居。他们初到这闽粤交界的崇山峻岭之间，搭草寮为居，单户独舍，常遭兵匪之祸，又受狼虎为害，难以安生。为求生存繁衍，勤劳智慧的客家人不得不从分散独居的方式，汇集聚居筑造这种土墙高筑的连层堡寨土圆楼。几十上百人、一村一族聚居于一座坚固安全的土楼，有利于感情和睦，团结协力共求发展，是饶平地区客家人的一大特色。

昔年，饶平山区各地建造这种古堡式土楼，因其设计施工不难，取材容易，占地又比独家平房少，造价低廉，不仅坚固耐久，且能防卫御敌。这种楼既具有通风采光好、隔热保温、冬暖夏凉、防震防潮防火等许多优点，又适应山区环境，具有鲜明的地方特色，成为我国南方居民建筑艺术的独特风格代表，是世界古建筑史上的杰作。

下面介绍一些至今保存较好、具有代表性的饶平客家土楼。

道韵楼：在饶平客家土楼里名声最著，位于饶平县三饶镇南联村，始建于明万历十五年（1587）。该楼呈八卦形，三进三环围共构成“八卦”的爻画，坐南朝北，面积1万平方米，外围周长328米，直径101米，墙高11.6米，三层半，皆以黄泥土夯成，中间设有广场，全楼有正房56间，角房16间，水井32口，楼外周设有枪眼、炮眼，楼门顶还设有注水暗涵，很有特色。楼中每一卦长39米，各有楼间9间，卦与卦之间用巷道隔开，八卦共72间。楼间也仿三爻而设计成三进，一二进为平房，第三进连接外墙为三层半楼房，楼墙高11.5米。底层墙厚1.6米，由黄土夯筑而成，墙基仅垫二层青砖，固桷用竹钉，历经多次大地震仍完好如初。古建筑修建时，由于时日已久，木材慢慢缩水收缩会将嵌入缝中的地仗（一种中国传统土木工程技法，即在木质结构上覆盖一种衬底，以防腐防潮）挤出来，造成漆面的鼓包开裂，难以修缮，故选择用收缩系数远小于木材的竹钉塞缝，能撑住缝隙不再缩小。楼中除了各家各户自用的水井外，不特意在楼中的阳埕左右挖二眼公用水井，以象征太极两仪阴阳鱼之鱼眼。该楼还与一般土楼不同，它仿照诸葛八卦阵从生门入、休门出的原理，特地在大门一侧另开一休门，以让族人从此门出寨。近几年来，道韵楼以其独特的古建筑风格吸引了众多海内外古建筑专家和参观者前来研究和观光。1998年以来，日本运输大臣石井雅之、日本佳速航空公司九桥弘和、美国学者诺玛克姆教授，以及浙江、江西、香港、台湾和北京大学、中山大学的古建筑专家都先后前来考察研究。

润丰楼：位于饶平县新丰镇丰联村，背靠“背头山”，建于清道光年间。该楼呈圆形，坐北向南，面积1846 平方米，直径48.5米，周长152.5米，楼高10.52米。为二层半，二进一天井，全楼皆以黄泥土夯成，外抹贝灰，共有房屋29间，公用井一口，广场中间辟有八卦形地埕，楼外围还建有司马第、儒林第、调琴斋、广业轩。该楼小巧玲珑，结构紧凑。

南阳楼：位于饶平县上善镇永善村，与大埔县接壤，始建于明建文二年（1400）。该楼呈圆形，大门坐向为西偏北34度，面积1561平方米，直径44.6米，周长138.44米，楼高10.76米。为三层半，二进一天井，共有房屋26间，皆以黄泥土夯成，楼内中心处设有圆形广场，水井一口，门楼上方有凹刻“南阳楼”三字，两旁写有对联。

镇福楼：位于饶平县上饶镇马坑村，背靠“西岩山”，始建于明永乐十一年（1413）。该楼呈椭圆形，大门坐向为东偏南8度，面积6936平方米，南北为97.7米，周长295.4米，楼高10.86米。为三层半，三进三天井，共有房屋60间，皆以黄泥土夯成，内抹贝灰，楼内中心外辟有广场，呈椭圆形，有八角井一口，门顶有凹石刻“镇福楼”三字。该楼是饶平客区最大的土楼。

新彩楼：位于饶平县饶洋镇赤棠村，背靠“西岩山”，始建于明万历年间。该楼呈圆形，坐东偏南23度，面积2769.8平方米，直径

59.4米，周长186.59米，楼高 13.6米。为四层半，二进一天井，全楼皆以黄泥土夯成，内抹贝灰，楼内共有房屋32屋，公厅一间，中心为广场，水井二口。该楼是饶平境内楼层最多、最高的土楼。

二、两种常用的竹材工具

（一）竹梯

竹梯属于典型的园竹制作范畴。从外观看比较简单，但实际操作中，工艺比较复杂，技术性也比较高。竹梯高（长）度有2~8米或更高（长），具体尺寸由客户决定（定做）。其制作步骤与工艺如下所述。

1. **竹梯的选材**

竹梯的两侧杠要选用竹竿笔直、竹节黑色、生长期5年以上、尾径8厘米以上的毛竹，以秋季或冬季砍伐的竹子为最佳。老竹因含水量低，制出的竹梯经久耐用。

竹梯的踏步杠要选用生长期5年以上、根部口径5厘米以上的苦竹。因为苦竹的竹肉厚、坚硬、节稀、美观。制作时，仅用竹根部往上2米的部分，避免尾部竹肉太薄，容易被踩断。

2. **4米高度竹梯的制作方法**

竹梯两侧杠的刨光、烤直与定型。首先用竹工锯锯下口径（外径）8~10厘米、长4米的毛竹共两根。然后将竹节凸部刨平；设一火炉，把竹杠放在炉火上熏烤，让水分蒸发，使竹身变松软，接着把竹杠的弯曲处，在“竹马”（竹工工作凳）上拗直（烤竹要用温火，

竹梯

控制好火候，以免把竹杠烤爆）；经目测合格，再用凉水擦抹冷却，使之固定成型。

竹梯两侧杠的定位、凿孔。竹梯两侧杠的底部直径8厘米，两杠之间踏步杠的长度（间距）50厘米左右，顶部间距宽35厘米左右。上下“缩水度”在15厘米左右，形成一个下宽上窄的梯形状，这样在使用时才能站立得稳。

竹梯第一层起步是42厘米。其他每层踏步定位间隔是33厘米（竹工尺：1尺），基本踏步层约11层。竹梯的两侧杠要用篾刀在竹皮上各“拖”出一条中心线。然后从每根踏步层竹杠的第一层开始，每隔33厘米，用半圆形凿子（制竹工具）凿圆形孔，孔径是4厘米左右，向上逐渐缩小。到了顶部，孔径是3厘米。孔洞凿好后，两侧主杠的制作基本完成。

竹杠踏步层的制作。选出光滑笔直的苦竹，直径在4厘米以上，先把竹节凸部刨平，再用钢锯锯成长度32～46厘米不等的踏步层竹杠（按竹梯下宽上窄的比例计算）。

竹梯成型。将凿好孔洞的竹梯主杠两根摆放在平整的地上，然后将踏步层竹杠逐根穿入左侧主杠内，再将右侧主杠从竹梯底部开始与左侧主杠合拢。合拢过程用竹工槌敲，让踏步层竹杠进入主杠孔中（如有不合格的无法插入的踏步层竹杠，要用篾刀逐个修正）。接着把成型的竹梯移上“竹马”，并在竹梯的上、中、下三处各用一根棕绳绑紧，在棕绳的空隙间再插入一块竹片，旋转竹片把绳子绞紧，其后把竹片的一端固定在一根踏步层竹杠中间，最后把整个竹梯固定成型。

“锁”好踏步孔。这是最后一道工序。在每根踏步层竹杠左右侧两根主杠上，用竹工钻（现在用电钻）各钻出约0.5厘米的洞孔，孔要钻通踏步层竹杠及主杠的内外两层。然后便是竹梯的锁钉了。取竹梯下脚料，将竹节部分用锯子锯掉，留下无节的竹筒坯（长短都可），用篾刀分成约1厘米的粗料，四边修平，削成约0.6厘米的细坯，把一端削尖，形成竹钉（竹钉须经温火烤干）。用篾刀的平背，将竹钉敲入洞孔内，“锁”牢各个踏步层。并用篾刀修平竹钉外露的“毛刺面”，然后把“竹马”上的竹梯翻转一面，用篾刀把这一面露出的竹钉头削平，最后解开棕绳，竹梯制作完成了。

（二）竹钉

竹钉，又称楔钉，主要起加固作用，一般被削成上大下小的圆杆形。竹钉有两种：一是普通竹钉，在农村建造柴厝（即木房）钉固“角仔板”（承托泥瓦的木板）时使用；二是“竹脯”，是一种干透坚硬的竹材做的竹钉，在木工做细作时（橱柜等矩形类家具）和制作盆、桶等圆木家具时，用以拼合板料。在粤东，木工在建房或制作家具时为什么使用竹钉而不是铁钉呢？因为粤东空气潮湿，使用铁钉容易锈蚀，特别是粪煌、粪桶与尿桶的“咸气”会透过木板渗入铁钉，加速锈蚀，时间久了固定力不够，会散架；而且再整修时，残留在木板上的铁钉会使锯斧刃口崩缺或卷边。

1. 普通竹钉的选料、制作和使用

选用生长期在10年以上的老竹。选竹的办法是：建房户首先要找一个时间最久的竹林，在其中选一根最年长的毛竹砍下扛回家。然后把老竹锯成7厘米长的竹坯，用篾刀分成两片，再开成3厘米的竹坯，然后把竹坯的内囊切除，留下0.5厘米厚的竹片，形成竹钉的细料。接着把细料从竹阴顶面开始，由上到下逐步削尖；把削尖的细料用篾刀再分成6个小钉；在单个小钉的下部左右两侧各削一刀，制成竹钉。这一刀十分关键，它要准确地削到竹钉的中心点，不偏不斜；如果偏斜一侧，钉瓦板时，偏斜方会把瓦板钉裂。最后，竹钉要放在锅内过炒，炒时要掌握好火候，要温火、勤翻动，让竹钉内水分全部蒸发出来；但又不能炒过火，炒过火的竹钉没有韧性，在使用时易断。

2. **“竹脯”竹钉的选料、制作和使用**

选用10年以上的老竹，将其锯成1.5米左右的竹筒，用篾刀对开分成两片竹坯。然后把竹坯摆放在烟囱架上熏烤（农村的烟囱架是设立在古老灶台转弯道的烟囱台上），竹青面要放在受烟处，熏烤时间一年或数年。这就是“竹脯”竹坯。把熏烤好的“竹脯”取下，锯成4厘米长的小坯，再分成数块，去掉“竹囊”，留篾青面、小0.4厘米，在小坯一端，轻削正反两斧，形成尖钉，最后以0.4厘米左右，再分成数钉，至此“竹脯”竹钉制作完成。使用“竹脯”竹钉时，要先用“旋回钻”在要拼合的板料间钻出对应的孔洞，再把“竹脯”竹钉敲打入板块孔内，露出平头的那一面竹钉，用木工斧削尖，再把另一块板料拼合。

3. **竹排用的竹钉**

新中国成立前，潮州城因其所处地利，也成为韩江流域竹木贸易的转运中心。外运原木组成的木排，最关键的是用竹钉（俗称排钉）将一根根的原木组合成整体。竹钉可就地就近取材，且价格低。

排钉长约14厘米，宽约2.5厘米，厚约1.5厘米。选5年以上毛竹制作。排钉的制作步骤分定型和焙烤。

取一根老竹，锯成长14厘米的竹坯（不回避竹节部分），用篾刀分成两片。再进行数个分割，形成排钉坯条，然后用篾刀在钉坯头部侧单面，向下约3厘米横开一刀，削去0.5厘米左右竹肉，形成一个隔层，把隔层以下的平面修平；换一个方向，在竹阴部，从顶端开始缓缓下削，直到把排钉尾部削尖。接着在竹钉正面两侧轻划一刀，形成倒立的“八”字形，木排竹钉制作完成。

削好的排钉要经过焙烤，才不松脆而有韧硬度。具体焙烤办法是：将白天削制成的大批量排钉，集合成若干篓，倒入烤炉中。烤炉与北方人睡觉的“炕”略同，不同的是烤炉四周有护栏。焙烤排钉时间多是在夜晚，燃料用竹屑和木屑。开始时火可旺些，过一段时间就用温火，最后用文火。焙烤过程中，必须翻动数次，让其上下均匀透熟。要注意掌握好时间和火候，这样焙烤出来的竹钉不过火、面带油黄色，韧性好，质量佳。

排钉送到木排转运工人手里，木排转运工人便在溪边分别把排钉钉入外运的每一根规格材的两端。具体的安装方法是，在每根外运的规格材头尾各钉上两枚排钉，在两枚排钉中间留一空位置，装上一根长3～4米的杂木串棍，组合成一个木排整体，把备好的水草搓拧成一个小圆圈，扭成“8”字形，套在两枚排钉隔层之下，再深钉套牢。这样，整体木排就算拼装完成。

第三节　竹建筑的文化内涵

一、竹建筑的人文精神

建筑是凝固的历史文化。原始建筑中的选材与构筑方式主要取决于自然的选择，受制于生活环境所能够提供的资源及所提出的需要。但建筑材料和构架的确定与演进方向，却受到人的生活方式、礼仪规范、社会观念、文化心态、审美心理等文化因素的制约与影响。竹如此普遍而持久地被列为建筑材料，用以构筑民居、宗教建筑等建筑物，与中国人文精神和审美意识不无关系。

竹建筑的形成与中国先民以农立国的社会生活方式密切相关。远在新石器时代，中华民族就已经懂得并掌握了垫灰、夯土、垒砌等用于石材建筑的基本技能，拱券技术也早已被大量运用于秦汉墓室墓道建筑之中，隋代赵州桥的起拱技术至今仍令人赞叹不已。中华民族的建筑匠师们对石质构筑的基本技巧“非不能也”，只是“不为”罢了。“不为”的原因是石质建筑与中华民族传统的“以农立国”生活方式和生活趣味不相吻合。

中华民族世世代代生息的东亚大陆，是人类农业生产的最早起源地之一。以农业为主的经济生活培育了中华民族的崇农意识，“教民农作”的神农氏、“教民稼穑”的后稷被尊为神，进而国家被称为“社稷”。崇农意识使中华民族与植物之间建立起深刻而持久的情感纽带，中华民族对于包括竹在内的植物倾注了更多的感情，其不断流动绵延的生命之流似乎在植物中得以显现，植物春华秋实、生长衰亡的生命循环与人的生命循环相对应、契合，使中华民族不再视之为异己之物，于是竹（还有木）被大量用为建筑材料。居住在竹木建造的房屋中，不仅人们的身体得到休息，而且心灵亦感觉回返“家园”，获得安宁与温暖。

在古希腊神话中，人们把石头比作“大地母亲的骨骼”，在一场大洪水后，人类几乎灭绝，幸存的人将这“骨骼”抛起，于是再造了人类。因此，希腊人“永远不忘记造成他们的物质”，西方古典建筑的基本材料是石头。而在中华民族的神话中，却有许多源自竹、竹搭救祖先性命等方面的故事，中华民族像希腊民族一样“永远不忘记造成他们的物质”，与竹结下深固的情结，以竹构屋，生于斯、居于斯、死于斯，似有在母亲怀抱中的安全感。潮州建筑的环境理想可概括为“天人合一”。潮州人深信人的身心和自然节律息息相关，注重对天地自然万物的崇拜和契合。竹子“人怜直节生来瘦，自许高材老更刚”，寓意美好，对于潮州人有极高的亲和力。

竹建筑与中国传统实用理性精神相关。西方古典石构建筑有着很强的耐久性，古罗马建筑师维特鲁威提出的建筑三原则中，“坚固”即被列为其中之一，表现了西方文化与自然抗衡、追求永恒性的意识和观念。而中国人则抱有“不求原物长存之观念”，只求近期实用效果，忽视长久之深远意义，缺乏对永恒性的企求，因而“盖中国自始即未有如古埃及刻意求永久不灭之工程，欲以人工与自然物体竞久存之实，且既安于新陈代谢之理，以自然生灭为定律，视建筑且如被服舆马，时得而更换之”。竹建筑极易毁坏，经受不住风吹日晒，易腐坏燃焚。但建构起来也非常简便容易，如唐代元稹说的“旧架已新焚，新茅又初架”，伐来竹子和茅草，略经锯砍绑又成新居。只求兴建之易、不惮修葺之烦的建筑文化心理，致使竹建筑在中国相沿不断。

潮州自韩愈刺潮后，进一步普及了儒家道德教化。宋之后，随着程朱理学成为官方主流意识形态，加上朱熹尊潮州名贤刘昉为师，与潮州有较密切的联系，所以理学对潮州文化影响十分深远。明代，在薛侃的引领下，翁万达、林大钦、薛宗铠等人修习传播王阳明心学，使潮州成为岭南乃至全国主要的心学重镇。潮州建筑也逐渐成为人文道德教化的形象传达，这种以自然生灭为定律的思想也蕴含在建筑文化里。

尚俭归朴的生活情趣是中国竹建筑兴盛的另一根源。中国古代知识分子倡导节俭朴实的生活态度，反对奢华浪费。对大多数中国古代知识分子来说，崇尚俭朴的生活情趣并非简单地出于物质上节约的原因，而是借此减少人工的做作雕琢，求得淡泊无为的心境，“见素抱朴，少思寡欲”，达至“复归于朴”“万物一齐”的天人合一、人与自然浑合的境界。竹建筑正是此种中国古代知识分子精神追求的寄托之所。

宋初王禹偁筑竹楼于湖北黄冈，虽有“以其价廉而工省”的原因，但更为主要的原因是竹楼表现了他的自然之趣和超逸淡远情怀，所作《黄州竹楼记》云：

子城西北隅，雉堞圮毁，蓁莽荒秽，因作小楼二间，与月波楼通。远吞山光，平挹江濑，幽阒辽夐，不可具状。夏宜急雨，有瀑布声；冬宜密雪，有碎玉声。宜鼓琴，琴调和畅；宜咏诗，诗韵清绝；

宜围棋，子声丁丁然；宜投壶，矢声铮铮然；皆竹楼之所助也。

公退之暇，被鹤氅衣，戴华阳巾，手执《周易》一卷，焚香默坐，消遣世虑。江山之外，第见风帆沙鸟，烟云竹树而已。待其酒力醒，茶烟歇，送夕阳，迎素月，亦谪居之胜概也。彼齐云、落星，高则高矣；井干、丽谯，华则华矣；止于贮妓女，藏歌舞，非骚人之事，吾所不取。

作者在竹楼中可纵情山水、饱享夕阳素月的自然美景，亦可消遣世虑、恬淡心绪。

竹建筑与中国传统文化的生活情趣和精神追求相吻合，故历代士大夫常弃高楼华屋而筑竹制楼舍。潮州人大多来自中原钟鸣鼎食之家，继承了很多古代文人的品格与气质，生活追求恬淡和美，高雅闲淡的竹建筑亦是他们精神追求的一种展现。

二、竹建筑的审美特征

竹制建筑物以其轻盈的造型、柔和的线条和自然的色彩，呈献给人们优美和谐的审美风格，显示出幽雅细腻的艺术魅力。

竹建筑体量适中。西方传统建筑以尺度的雄伟与体量的宏巨为特征。古罗马的斗兽场、神庙、浴场和宫殿，无论是外部体量与内部空间，都十分巨大。大尺度大体量建筑形式表现了西方民族追求量的崇高的审美趣味。而中国人认为建筑不宜建得过分高大宏巨，“夫高室近阳，广室多阴，故室适形而止”。过分高大的建筑“远天地之和也，故人弗为，适中而已矣”。因此要“卑宫室”。竹建筑适中的体量是其优美和谐风格的根源之一。

竹建筑线条柔和、比例对称。西方建筑着力于竖直方向发展，向下凿挖地下室，向上则几乎没有遏止地发展。中世纪的哥特式教堂建筑从总体上向高空延伸，而且外观比例修直高耸，富于整体向上的感觉，内部空间陡高挺拔，外部造型则用窄高的侧窗与修长的人物雕刻、直插云霄的尖塔，强调直线条的表现。因而西方建筑常给人以力量的崇高感。中国竹建筑虽有竹楼与竹屋的高矮之别，并有历史与地域的差异，但从总体上说，中国竹建筑比例协调，线条柔和，对称、均衡等要素表现得较为充分，从而给人以柔和娟秀的优美感。

竹建筑颇具虚体量和内收感。西方建筑在外观上强调实体块面的表现，在建筑外轮廓的处理上有意强调由砖石砌筑的体量的各个凸出部分，使建筑有明显的实体团块感。在屋顶与外墙轮廓的造型处理上，十分强调凸曲线、凸曲面的运用，突出巨大的穹隆顶的富于几何意味、向外凸出的造型性格，表现出激荡外张的情感形式。中国竹建筑不强调建筑个体的实体体量感，建筑立面的基本单位是“开间”。建筑开间是由周围廊或前后檐廊的廊檐柱分划而成，凹入的柱廊与悬挑的屋檐，使建筑物立面呈现大片有韵律感的阴影；檐下冷色调的色彩与窗牖上通透的格栅，使檐下的凹入感更为突出，因而显示出“内收”的虚体量和凹入感，表现出平和沉稳、内倾含蓄的情感形式，即和谐优美的情感形式。

以竹材建构而成的竹建筑植根于中华民族传统文化的土壤中，尽管随着建筑材料和建筑工艺的进步与发展，竹建筑现今只在一些山区、少数民族地区和旅游景点中得以保留，然而其所蕴含的东方文化韵味和审美魅力却是长存不衰的。

CHAPTER 5

第五章 跋山涉水皆有竹

——潮州竹制交通设施和工具

第一节　竹制交通设施

一、竹桥

竹桥亦称竹梁，是梁桥中的一种，在我国有悠久的历史。梁桥即以受弯为主的主梁作为承重构件的桥梁。

早在新石器时代，随着活动区域的拓展，人们已在溪涧小河横架竹木以渡，如用的是独木（竹），则称“榷”。唐宋时期，竹桥仍是南方广大地区重要的河上交通设施。与白居易齐名的元稹任武昌节度使时，高所外溪流上有竹桥，作《苦雨》诗咏之，中有“门外竹桥折，马惊不敢逾”的诗句。唐代伍彬在楚地做官时，赋《夏日喜雨》诗咏道：“稚子出看莎径没，渔翁来报竹桥流。”北宋陈与义以“倘可卜邻吾欲住，草茅为盖竹为梁”之句赠给即将寓居贺州（今广西贺州市）的挚友吕居仁，从诗句中可窥知当时广西一带竹桥分布之普遍。宋代杨万里的《记丘宗卿语绍兴府学前景》诗咏及绍兴府内的竹桥：“竹桥斜度透竹门，墙根一竿半竿竹。”陆游《入蜀记》中记有：“以小舟游西山甘泉寺，竹桥石磴，甚有幽趣。”

竹桥不仅是河上交通设施，还成为文人墨客歌咏的对象。白居易《张常侍池凉夜闲宴赠诸公》有“竹桥新月上，水岸凉风至”之句，新月、竹桥、凉风使这夜晚洋溢着恬静宁和的气息。唐代欧阳炯的《南乡子·画舸停桡》词亦描述了南方的竹桥：“画舸停桡，槿花篱外竹横桥。”槿花点缀的竹篱围绕住宅，不远处的河上竹桥横架，舟船从河上驶过，构成一幅江南农家的画卷。谪居柳州的柳宗元有首《苦竹桥》诗：“危桥属幽径，缭绕穿疏林。……俯瞰涓涓流，仰聆萧萧吟。……”他伫立竹桥，凝视溪水涓涓流，聆听竹林萧萧吟，充满忧郁之情。

竹桥构造较为简单，但承载量较小，而且使用寿命短。随着社会的发展，竹桥大多被石梁桥、石拱桥所取代。而在小溪流密布的地区，时至今日竹桥仍随处可见。

在潮州，人们常在山涧之间或者田陌沟渠的两岸架设简易的竹桥。用一根或数根粗壮结实的竹桩做成多个梁架，再将梁架整齐地固定于溪流之中，梁架高度适宜且基本一致，一般架与架间相隔2～3米。然后将竹筒剖片，编成与梁架间距同宽的篱笆，平铺于梁架上绑紧固定，上面再铺上沙土作为桥面。这样，一条简简单单的竹桥就为人们的出行和生产生活提供了极大的便利。

二、竹索桥

在部分自然环境险峻的山区，也会设竹索桥。中国古代竹索桥建造技术鬼斧神工，有独索溜筒桥、双索双向溜筒桥、多索平铺吊桥、双索走行桥、V形双索悬挂桥。

独索溜筒桥是只有一根竹索，高绷于两崖之间，人或物缚于竹筒上，由此岸溜至彼岸。

双索双向溜筒桥的营造方法是：在深谷两岸立桩各两根，一高一低。如竹索系于东岸的高桩上，则西岸系于低桩上；反之亦然。或剖竹做成瓦状，两瓦相合绑缚于竹索上，或以藤或竹编成箩圈，然后将渡者绑缚于竹瓦上或箩圈中，用力一推，则竹瓦或箩圈带着人沿着竹索自此岸的高处溜至彼岸的低处。

多索平铺吊桥是先在河中立两根同样高达6丈的巨木柱作为梁架，在东西两岸各建层楼，楼之下有立柱和转柱。再将围径达1尺5寸的14根竹索铺于河中两根梁架上，然后系于立柱上，用转柱将竹索绞紧。又在14根竹索上铺设紧密的木板，这样就建起了长近百米、宽达8尺的吊桥。为保安全，在桥的两翼各牵4根缆索作为护栏。这座桥不仅渡人，还可渡牛马。现在该桥竹索已被钢丝绳所取代。

双索走行桥是在一个垂直面内上下各悬一索，上下索之间高差约1.45米。行者手扶上索，脚踏下索，步行过桥。这种桥危险性很大，已淘汰殆尽。

V形双索悬挂桥是将二绳并行悬挂，相距约1米，从二绳之上、“V”字形地下挂连续的独木桥面。人行其中，手扶二索，脚踏独木过桥。

第二节　竹制陆上交通工具

竹轿亦称竹篴、竹舆、筍舆、竹篼、竹篼儿、篼笼、篮舆等，是中国特有的人力交通工具。在古代，水上交通依赖舟筏，陆上交通则因丘陵山地众多、车辆受到限制而产生了困难。于是人们将目光转向漫山遍野的竹林，利用随处可见的竹子制作了大量轻巧灵便的竹轿，以适应山地交通的需要。

春秋战国时期，称竹轿为“竹篴”“编舆”，而在齐鲁以北，则简称为“筍”。当时不乏坐竹轿者。如《公羊传·文公·十五年》中“筍将而来也”，意为用竹轿送来。但整体而言，上层贵族盛行乘车，坐轿（包括竹轿）者属少数。汉代，北方也只有极少数达官贵人乘轿，但在南方，山道崎岖难以行车，官吏乘轿者为数不少，如《汉书·严助传》中“舆轿而逾岭”，“舆轿”即竹轿，注文曰：“今竹舆车也，江表作竹舆以行是也。”魏晋南北朝时期，竹轿的使用面有所拓展，尤其在南方的士族阶层中具有相当的普及面。这一阶层大多锦衣肉食、羸弱不堪，却沉溺于山水，精神上的欲求与体能上的羸弱造成的冲突，往往通过轿（主要是竹轿）得以缓解。他们乘轿登高，点山评水，恣意享乐。如谢万、王献之、潘安等都曾坐过舆轿。一些人乘竹轿则是出于生理的需要，如东晋陶渊明“素有脚疾，向乘篮舆，亦足自反”。

唐代，竹轿仍主要在民间流行。唐文宗曾下过这样一道敕令：胥吏及商贾妻，并不得乘奚车及檐子，其老疾者，听乘苇轝车及兜笼，舁不得过二人。“兜笼”即竹编的小轿，这从一个侧面反映了竹轿在民间流行的情况。《太平广记》卷四五八就载：“僧令因者，于子午谷过山往金州，见一竹舆先行，有女仆服缞而从之。”子午谷在秦岭山中。

竹轿成为官方正式认可的交通工具是在南宋以后。宋室南渡后，鉴于“道路阻险”，诏许百官乘竹轿。《宋史·舆服志》中明确地记载了宋代轿子的形制：“正方，饰有黄、黑二等，凸盖无梁，以篾席为障，左右设牖，前施帘，舁以长竿二，名曰竹轿子，亦曰竹舆。”这样，竹轿正式成为官方交通工具，首次堂而皇之地进入官场。杨万里《寒食雨中，同舍约游天竺，得十六绝句呈陆务》云：“笋舆冲雨复冲泥，一径深深只觉迟。”陆游乘竹舆游柳姑庙，故留下《小雾乘竹舆至柳姑庙而归》一诗。陈渊《过崇仁暮宿山寺书事》有“驿路泥涂一尺深，竹舆高下历千岑”的诗句，“岑”指的是小而高的山。

樟木通雕《清明上河图》（作者辜柳希）

明代中后期，轿更为普遍流行，以至于“人人皆小肩舆，无一骑马者”。当时称竹轿为竹舆，是各种轿中最受走山道者欢迎的轿种。如王世贞在《游东林天池记》中记述他乘竹篼至“登高亭”的游历。

上层社会或有钱人乘坐的竹轿都装饰得很华丽。而在民间广泛普及的竹轿则较简朴，只需用两根比较细长而耐用的竹竿，两竿间扎上一把椅子（藤椅或竹椅）或用竹片编成的坐垫就制成了。藤椅或竹椅相当于轿厢，坐垫犹如兜子，高处作靠枕，低处当座椅，兜子下吊一块木板，可以搁脚。这种竹轿江南人叫“椅显轿”，四川地区称“滑竿”，两人相抬，一前一后，熟练而健壮的轿夫即使抬着人也能在山道上行走如飞。

封建社会被推翻后，竹轿的使用面大大缩减了。近年来，在一些作为旅游胜地的名山大川，如峨眉山、青城山，滑竿作为一种旅游工具而迅速崛起，为数众多的抬滑竿者穿梭于各个旅游景点之间，竞相招揽游客。

新中国成立前，潮州人外出多步行，远途坐船为多。计算路途远近，以10华里（1华里=500米）为一铺，通常走一小时。轿是富贵人家的交通工具，城镇多有专供雇用的轿铺，官贵者坐四人大轿，一般有钱人坐二人抬竹轿，新娘出嫁坐花轿。轿在新中国成立后已弃用。竹轿制作工艺已失传多年。

竹轿制作属竹业圆竹类行当，工艺比较复杂，制作规格尺寸由定制的需方来定，无严格的模式。竹轿一般由轿底盘、两侧拱形轿主杆、轿内椅、轿杠、轿肩担、彩帘、帷帐等组成。竹轿有折式或固定式两种，现以高1.8米、宽0.9米、深1米的固定式竹轿为例说明其制作方法。

竹轿用材：以江南竹（毛竹中一种）为主，苦竹为辅。竹的直径要在5厘米以上，长度不限。

轿底盘框架制作：轿底盘框架近似四方形。选直径5厘米以上、长4.2米的江南竹或苦竹两根，刨光竹节，用篾刀刮出一条中线，顺中线在相关部位锯开4个缺口，缺口长约20厘米，深约竹直径的3/5，用凿子“偷”去深度“3”的部分，用温火烤弯4个缺口处，定型成宽为0.9米、深度为1米的框架；备好长为1米、直径为3.5厘米的框架托杆3条，用于下一步组装竹轿底层踏脚面。

拱形轿体圈架制作：选5厘米以上的江南竹或苦竹两根，每根长约5米。用刀刮出一条中线，然后在每根轿主杆两端的1.5米处，顺中线位分段拗弯，弯曲处用温火熏烤定型，制成拱形轿体圈架。

竹轿主体组合成形：一是竹轿主体组装。取轿底盘框架，把制成的拱形轿体圈架，安装到4个缺口之中。轿底盘框架要离地15厘米高，钻孔后用竹梢子锁牢，轿底盘框架的接头部也要用竹钉钉牢，用藤条扎紧。然后用备好的粗篾块条，按规格比例装在轿底盘框架内，再加两块块篾作压板，把整个轿底全封闭式锁牢，竹轿主体即组装完成。二是轿内椅制作。用苦竹制成简易的竹椅，依附在拱形轿体圈架上，贯穿于两侧主体杆之间。三是轿杠制作及安装。轿杠两根，每根长约4米。取直径约7厘米的江南竹，刨光竹节即可。出轿时轿杠可临时安扎在轿体内侧的拱形主体杆旁。四是轿肩担制作与使用。轿肩担选取毛竹坯，宽度视竹轿双杠距离而定，安扎在竹轿双杠前位与后位，用于轿夫肩扛。

竹轿制作好后，竹轿的左、右、后三侧用彩布帷帐封遮风雨，并保护乘客隐私。前掀轿帘使用彩帘，轿顶用细篾席帘封闭用以防晒、挡雨。如需制作成活动折拼式竹轿，只需在轿底盘4个缺口处安上4个竹套管，各部位的接头用活动竹梢子锁牢即可。

第三节　竹制水上交通工具

中国古代造船业历秦汉、唐宋两大高峰，至明代，造船工艺精进，造船数量十分巨大，木船始终是水路运输的主要工具，其他如羊（或牛）皮筏、牛皮船、竹筏等水运工具也都曾在中国水运史上放射着光芒，其中尤以竹筏最耀眼夺目。

一、竹筏

竹筏亦称竹排、竹箄、竹簰、竹竿筏等。东晋王嘉编写的神话志怪小说集《拾遗记》载："轩皇变乘桴以造舟楫。"可见筏的历史比舟楫更悠久。从"伏羲氏始乘桴"和"伏羲氏刳木为舟"等传说来看，早在新石器时代，筏和独木舟均已出现在人类生活中。桴，即小筏子。《广韵》解释道："筏，大曰筏，小曰桴，乘之渡水。"筏有竹筏又有木筏，但古人在长期的水运生涯中逐步发现，用空心竹子做的筏较之用实心木做的筏浮力大并且加工难度也小得多，因此做筏多用竹，以至《海篇》对"筏"作如是阐释："筏，编竹渡水，曰筏。"

殷商时代，木板船（舟）诞生，并造出由船相连而成的舫。周代以多少只单体船连接的舫象征奴隶主贵族的地位，《周礼》规定天子出巡乘"造舟"（多条船并成），诸侯乘"维舟"（四船并成），大夫乘"方舟"（两船并成），士乘"特舟"（单体船），一般平民只能乘筏。《尔雅·释水》亦曰："天子造舟，诸侯维舟，大夫方舟，士特舟，庶人乘泭。"这反映出筏在民间广泛使用的历史事实。先秦《谷风》云："就其深矣，方之舟之；就其浅矣，泳之游之。"方者，筏也。筏舟并称，可见其在水运中的重要地位。之后，筏作为一种难以替代的水运工具，广泛参与了摆渡、运输、捕鱼等水上交通活动。

竹筏，广东、福建、江西、湖南等地多习惯称竹排，它是南方农村常见的一种交通运输工具。竹排是用大竹竿编串而成的。把砍下来的大竹竿削去枝叶和尾梢，然后用竹篾把大竹竿一条条并排捆扎在三四道横杆上，少则五六条，多则十几条，竹头、竹尾朝向一致，整齐排列，使大竹竿牢牢固定，成一整体。捆扎好的竹排自然成为一头宽一头窄的梯形。小竹排不安舵，操篙者一般站在竹排前头，以撑为主，有时也用划，但划时仍用竹篙，一般不用桨。竹排的弱点是整只排都浸泡在水上，排面经常是湿漉漉的，不像农船那样有船板和船舱，也没有农船安全，载重量一般也比农船少些。

竹筏除运输各种农作物外，还将部分剩余产品运至附近的市场或市镇出售。唐代萧遘在《成都》诗中为我们留下这样的诗句："月晓已开花市合，江平偏见竹簰多。"入夜，月亮升起，白天喧闹的花市关闭了，平静的江上停泊着无数竹筏。这些竹筏应是附近农民运送各色货物入市售卖后傍晚停泊在那儿的。江南素称"鱼米之乡"，竹筏更是渔家的重要水上用具，有湖必聚，无河不有。

潮州自古就水网密布，除了韩江、黄冈河、枫江等，还有大量溪流、湖泊、鱼池、鱼塘，竹筏极其常见。明到近代，潮州城因其所处地利，也成为韩江流域竹木贸易的转运中心，特别是意溪镇，为竹木排放运业所在地。韩江自西向东南斜贯潮州城区，流经潮安区，在澄海入海，中国四大古桥之广济桥横卧于韩江中段，连接古城与东岸的交通，自古以来是闽、粤两省的交通枢纽。黄冈河自北向南流贯饶平全境，于黄冈镇东风埭入海。枫江，榕江的一条支流，自东北向西南流经潮安区中西部，经凤塘镇流经揭阳玉窖镇，汇入榕江。

竹筏除了渔用农用，还是悠闲旅游的一种交通工具。例如潮安凤溪竹筏漂流，一路上由艄公撑着竹筏，向前行驶，游客欣赏凤凰溪两岸的秀丽风景，悠然自得。

二、竹船

竹船最先称为竹舟，其出现时间是较早的。据《山海经》载："卫丘之田有竹，大可为舟。"可见战国时已有竹舟。东晋戴凯之《竹谱》载："猫竹，一作茅竹，又作毛竹，榦大而厚，异于众竹，人取以为舟"；"员丘帝竹，一节为船，巨细已闻，形名未传。"可见东晋时南方竹船制造是有发展的。当时，还以竹制成战舰，《南史·吕僧珍传》载："悉取檀溪材竹，装为船舰，葺之以茅，并立办。"这说明以竹造船效益是很高的。唐代，岭南多以竹制船。《太平广记》卷四一二引《神异经》："南方荒中有涕竹，长数百丈，围三丈六尺，厚八九寸，可以为船。"同书卷引《岭表录异》载岭南罗浮山的巨竹"一节为船"。当时近海岛屿上的"蛮族"用竹船承载各种海货、珠宝到沿海集市上出售。张籍有一首《送海南客归旧岛》诗就反映了这种情况。

海上去应远，蛮家云岛孤。
竹船来桂浦，山市卖鱼须。
入国自献宝，逢人多赠珠。
却归春洞口，斩象祭天吴。

尽管竹船未曾有过辉煌的历史，却有惊人的生命力。时至今日，竹船与竹筏一样，是台湾高山族阿美人近海航行的重要运输工具。其竹船比竹筏稍大，船身较长，两端稍向上翘，可乘坐两人，用两支或四支木浆划行。

古代还有一种以竹叶造的舟，称"竹叶舟"。宋代范成大《送闻人伯卿赴铜陵重送伯卿》中有"故人竹叶舟，岁晚梦漂泊"的诗句。竹叶怎能造舟？颇为费解。据《异闻实录》载："乃折阶前竹叶，置图上渭水中。"大概竹叶舟只是一种模型或精巧的工艺品。友人漂泊异地他乡时，赠一只竹叶舟，友人睹之就会勾起绵绵的思情，并非真的是逐波戏水、运人载货之舟。

三、竹篙

竹篙是统称，按用途分为两种：撑行木船用的叫船篙，撑行竹排用的叫排篙。船篙是用小口径毛竹制成，长约6米，竹头口径在6.5～7.5厘米之间，竹尾口径应在3厘米左右，头部第一个竹节和第二个竹节间距应在12厘米以上。排篙是用苦竹制成，长4～4.5米，竹头口径应在5厘米左右，竹尾口径应在2.5厘米左右。

（一）选材

做竹篙的毛竹或苦竹有四点要求：硬度、控制适中的头尾口径尺寸、防干裂、无病虫害所出现的蛀朽。

上品的篙用竹应在向阳的肥沃山坳里寻采。这样的竹材硬度极佳，从竹头到竹尾口径慢慢变小，竹节间距长，制成后使用起来得心应手。篙竹的竹龄应在2～3年之间，竹身呈墨绿色，竹尾不能呈黄色。如呈黄色，说明竹子太老，极易干裂。开裂的竹篙用起来不仅会割手，会灌水，而且会溅湿衣裤。因而竹篙一旦开裂就报废了。

选材要通直，首先要去除竹竿的枝杈。用刀时，不能从竹尾朝竹头方向削劈，避免把竹叉下一节竹筒的竹皮弄伤，失去“一长溜”竹青的“釉面”，缩短竹篙使用寿命。而应从竹头朝竹尾方向砍削，当刀刃进入竹叉部位一半时，改用刀背从竹尾朝竹头方向敲打，直到竹叉脱落，再用刀刃把脱落处的“毛刺面”削平削光。

（二）刨除隆突的竹节

刨除隆突的竹节应使用柴刀，不能用刨刀。因为使用刨刀要么破坏竹青的“釉面”，要么留下许多容易磨破手掌皮的不光滑“凸痕”。使用柴刀时，应一只手稳捏刀背，按在竹节上，刀刃朝竹根方向，同竹节形成45度的夹角，另一只手慢慢转动竹竿，使刀刃慢慢将隆突的竹节削平。

（三）拗直蹭光竹竿

对于不直、有弯度的竹竿，要用火苗熨热，再慢慢拗直，然后用铁丝球或用布裹住沙子，磨蹭篙竹表皮，将角质膜擦尽洗净，这样篙竹很快就干，质量好。

（四）裁制“篙头”

在裁锯竹材“头径”部位时，在竹头第一节要留有一个长约12厘米的空竹管，然后按约25度的斜角，在空竹管上锯4条对称的斜线，用劈刀将竹纹理和斜线中1～1.5厘米的尖角竹片剔除，这样竹头就形成4个齿状竹瓣。然后用直径约6厘米的铁箍，将4片竹瓣并拢箍好。接着裁一根长约7厘米，直径比箍好的竹头内径大1厘米左右的硬木，削成一个圆台，将圆台小径的那一头打进箍好的竹头空管里，并用铁钉钉牢。最后，截一根长约25厘米、直径约20毫米的圆钢，将其一头的10厘米锻打成四棱锥，敲打进竹头硬木的中心（毛竹头的空竹管长度有12厘米以上，10厘米的棱锥不会将竹节钉穿）。

捕鱼竹排用的竹篙“篙头”，为了撑行时不惊动鱼鳖，也有改用硬木做成的。竹篙应尽量避免太阳暴晒，不用时一定要藏放在阴凉处，避免晒裂。

四、竹桨、竹索

竹桨亦是重要的辅助性水运工具，其上端为圆杆，利于手握，叫握杆，下端为板状，名桨板，用于拨水，利用了物理学上的牛顿第三定律，通过水波的反作用力，使船前行。而竹索是中国古代重要的挽舟用具。《天工开物》载：“凡竹性直，篾一线千钧。三峡入川上水舟，……即破竹阔寸许者，整条以次接长，名曰火杖。”

CHAPTER 6

第六章

嘉乃德，民不忘

——竹与潮州民俗

民俗也称民间文化，是指一个民族或一个社会群体在长期的生产实践和社会生活中逐渐形成并世代相传、较为稳定的文化事象，可以简单概括为民间流行的风尚、习俗。

潮州民俗文化独特丰富，无不具有鲜明的地方色彩，蕴涵浓郁的中古遗风，而这种丰富的民俗文化与潮州丰富的宗教形态是联系紧密的。潮州各种宗教形态纷繁杂陈，大致可分为祖先祭祀、自然崇拜、儒教或先贤崇拜、道教、行业祖师神，以及佛教、基督教、天主教等其他外来宗教。奇特的是，传统宗教信仰绝大部分都不曾在近代社会变革的暴风骤雨中变成历史陈迹，而是仍存活于不同人群的心灵之中。虽然宗教形态众多，但潮州人真正的信仰是祖先信仰，拜神很多是一种“祖先崇拜”的延伸。中华民族向来是一个懂得感恩的民族，自古以来就有祭祀的习俗，祭祀祖先是一种感恩的表现。对于祖先的信仰，影响到每个潮州人的行为习惯，比如人必善行，在外团结互助，在家孝敬老人，每个人基本都奉行修身齐家治国平天下。

潮州人拜神拜的是自己内心的敬畏，所敬奉的神明是对人类做出大贡献的人物，所祀之神都是在当地曾做出贡献的有功之士。潮州人称所拜的男神为老爷，女神为阿嬷，这是历史遗留下来的习俗。苏东坡曾在《潮州韩文公庙碑》中写道：“潮人之事公也，饮食必祭，水旱疾疫，凡有求必祷焉。”足见在宋朝时，潮州人已经将韩愈敬奉为能佑福民众的神圣。潮州人感恩怀念韩愈，希望令其流芳千古，以至于潮州江山改姓韩，如韩江就因韩愈而由原名“恶溪”改为“韩江”，其所经过的丰顺莲花山脉也因而改称“韩山”。至今在潮州，人们提起韩愈都尊其为韩文公。由此可见，潮州人朴素、正直、善良、感恩，谁做了有益的事他们会永远记得。

中国人赋予竹子很多美德：正直有节、坚韧耐寒、谦逊虚心、用途广泛等。这些美德与潮州人推崇的人文精神契合，故在潮州民俗方面，对竹的推崇和运用众多，涉竹民俗丰富多彩。

第一节 涉竹节庆民俗

“时年八节”是一句潮州方言俗语。所谓“八节”，是指一年之中8个重要的民俗节日：春节、元宵、清明、端午、中元节、中秋节、冬至和除夕。相关的节日习俗也比较重要，各类活动世代沿袭相传，蔚然为俗。或纪念，或寓意，或祈福，富有民俗蕴义。下面介绍潮州涉竹的一些节庆民俗。

一、迎财神、放鞭炮

腊月廿四，人间的诸神上天“汇报工作”去了。但人们相信财神依旧不忘造福人间，会在新春脚步来临之际，把财气送到人间，所以各家各户在这个时候祭拜。于是，子夜钟响，鞭炮喧天，热闹非凡。关于鞭炮辟邪祛灾，《荆楚岁时记》载：“正月一日是三元之日也，《春秋》谓之端日。鸡鸣而起，先于庭前爆竹，以辟山臊恶鬼。”就是说，以竹着火，火扑哔有声，惊吓走恶鬼。现在放爆竹一俗，多是为节日增添欢乐气氛，而且随着现代文明城市建设，有些地方已经禁燃鞭炮了。从腊月廿四神上天到正月初四神下天这10天，因为没有神的呵护，家中要和气，多说吉利话，且不可打破器物，大的用物不随便移位（这是担心灶神下天时认不出家中的模样）。

二、守岁、压腰

守岁是除夕的传统习俗。除夕夜一家人吃完团圆饭，品茶聊天，共叙天伦之乐。到了子夜（夜间11时到次日凌晨1时），燃放鞭炮，迎接新年。一家人互道祝语，长辈给小孩压岁钱，有经济收入的成年人则给老人压岁钱，这叫“压腰”。压岁钱要很讲究地装在一个利市包中，或者用一块红纸包着。意味着一年从头到尾，腰包里都会满满实实、富裕充足。旧时潮州人有穿“腰肚”的习惯，日常用钱放在腰肚里，除夕夜腰肚里要有钱，来年钱银富足。但现在已经没有穿腰肚的习惯了，大多数人收了压岁钱就收进衣袋里。小孩拿了压岁钱，欢天喜地，跑到外面放鞭炮和烟花。“爆竹声中一岁除”，新的一年就在热闹的鞭炮声、烟火声中来临了。除夕夜还要点长明灯，象征前途一片光明。水缸里的水要满，米瓮里的米也要满，寓意新年富足无忧。

三、迎神纳福

腊月二十四日，人间的诸神上天，而正月初四是迎神的日子，诸神重回人间继续监督人们，于是各家各户在初四这天迎接神的光临。迎神时，富裕人家供上三牲——猪、鸡、鱼，如果经济不允许，也可免去，但一盘白米、一盘红糖却少不了。奉上白米一盘，寓意新年五谷丰登，红糖则寓意生活甜蜜。焚香上礼后，燃放爆竹，神就各就各位了。

四、祭天公

正月初九是“天公生”，天公就是大家熟悉的玉皇大帝。这天，各家各户设祭庆贺天公生日，旧时祭典十分隆重：凌晨开始，就要在正厅摆放大方桌，供奉五牲——猪、鸡、鱼、鹅、鸭，然后烧纸钱，放爆竹。参加祭典的人前一天必定斋戒沐浴。现在的仪式简化了，祭品用面条和龙眼干。龙眼干亦称桂圆，有又贵又圆的好兆头。

五、掼春榼（挑礼盒）

春榼

春榼是一种分成三四层、有盖子的竹编礼篮，通常是成对使用，也叫“担春”。大年初一，娘家要给出嫁的女儿送礼。过去，这些礼物总是装在一对大春榼中，由出嫁女的兄弟挑着送去。大舅子来到时，亲家要杀鸡宰鹅，热情款待。大舅子送来的礼物中，必须要有大橘子和数十节甘蔗，祝女儿生活节节高、吉祥美好。礼物的丰俭程度由娘家经济情况决定，但一般是：刚出嫁的女儿礼物要备得丰盛一点，不然会被亲家看不起；而出嫁已久，甚至是当了婆婆的，就不那么讲究了。女儿家收到这些东西，便分送给亲戚邻里，这形成了潮州春节习俗中的一大特色。春节里，鞭炮声噼噼啪啪，除了拜年者匆匆忙忙之外，还有不少老太婆提着花篮，托着红盘，挨家挨户于门外高喊：“阿姆，下物食。”（大妈，送点心来了）此外，如果家中有兄弟分家者，送的人就会按户分送。但是，嫁出去的女儿在这一天不能回娘家。初一回娘家，习俗上认为对娘家不利。

六、正月禁忌

正月是一年之始，潮州人往往把它看作新的一年年运好坏的兆示期。所以，正月的时候禁忌特别多。其中，旧时潮州人往往把水、土视为财气。有潮州话说：初一孬担水孬扫地。讲的就是初一不能到井里提水，不能扫地。潮州人在除夕将大小水缸装满之后，就举办封井仪式。即用一个大的簸箕将井面盖住，然后祭拜井神，初一日不能揭开簸箕，以留住财气。现代由于用上了水龙水，往往那边封井祭神，这边却拧开水龙头用水，因此盖井封取水一俗已徒有形式而已。初一忌洒水、扫地、倒垃圾这一习俗现在也慢慢消失，因为春节期间人来客往，地上垃圾尘土如果不及时打扫，确实有碍大雅。故从讲究卫生的角度出发，不少人对这些传统禁忌习俗已不怎么讲究了。

七、元宵赏灯、猜灯谜、掷喜童

在潮州，元宵节是新年第一个“喜节”，因而欢庆氛围浓烈。正式在上元夜燃灯之俗始于隋唐，此俗代代相传。古代潮州花灯节的情景，可从明嘉靖四十五年（1566）刊印的《明本潮州戏文五种》的《荔镜记·五娘赏灯》中知道。“元宵景，有十成。赏灯人，都齐整。办出鳌山景致，王祥卧冰，尽都会活。张珙莺莺，围棋宛然。”可见当时潮州花灯工艺高超。“满街锣鼓闹猜猜，而今随阿娘到此蓬莱，看许百样花灯尽巧安排。”百样花灯的节目传唱至今：“活灯看完看纱灯，头屏董卓凤仪亭，貂蝉共伊在戏耍，吕布气到手槌胸。”一直唱至“百屏拜寿郭子仪”。

这一天，潮州的妇孺老幼都兴奋异常，早早祭过祖先，用过晚饭后就上街游玩赏灯。这天，街头卖灯笼的，将各式各样的灯笼高高悬挂，供人观赏选购，而且神庙和宗祠里都挂着很多花灯。大宗祠的竹棚前，人山人海，欢声笑语。竹棚上，莲花灯、梅花灯、鲤鱼灯、走马灯、山水书画灯以及各式各样的宫灯令人目不暇接。旧俗的游神赛会都集中在元宵节前后进行，活动时间长、项目多，民俗文化色彩更为浓烈。改革开放之后，官方倡导开展各种健康的迎春文化活动和对内对外的联谊活动，使这个节日更具时代色彩和积极意义。除大型游花灯盛会之外，潮州家家户户都会挂上喜灯，自十三日起，到宗祠神庙去挂灯笼，十五日将灯提回挂于家门，称为“兴灯”，因潮州话

市民赏灯

传统花灯

“灯”与“丁”同音，旧俗都想“人丁兴旺”。

在农村，如果当年有生男孩的人家，自农历正月十一日起，就陆续到乡中宗族祠堂挂灯。花灯的底座是用竹架搭成，上面的人物则用铅线丝纸做成躯壳，再按不同身份穿上真人一样的服装，面部用石膏做模裱纸脱胎，外面涂粉，再用国画颜色涂绘。人物可大可小，周围再配景，每座灯屏下贴着的红纸写明该户姓名。从十一日挂灯这一天起，称为“起灯”。“起灯”实际上是“起丁”，是新出生男孩的入族仪式，暗含祝愿前程光明远大的意思。这是重男轻女的旧俗，封建落后思想的一种表现。起灯人家，自起灯之日起，每晚都要到宗族祠堂去点灯，直到十八日收灯为止。

旧时在部分乡村，还有一种“新娘落祠堂”的元宵习俗。乡中上一年完婚的新娘，翌年正月十五夜要到宗祠堂内观灯。新娘事前要装扮一番，身着红色褂子，下着长裙。富贵人家的新娘头戴凤冠、珠帘垂面；普通人家的新娘头戴“文明帽”（一种用羽绒包扎铅线制成的花环珠翠，围于额头上，用二丈多长的红粉色绸缎，中间扎成大花，缚于头鬓），红粉绸带从两鬓下垂至脚，宛若仙姬。然后新娘由伴娘（1～2人）陪护到祠堂观灯。新娘来到祠堂里，先焚香祈祷，乞求来年得子。拜完祖宗，伴娘偕新娘绕堂一周，逐屏观灯。尔后，新娘步出祠堂，婷立于祠阶看戏，实则让人观赏。新娘看戏仅是一种形式，时间一般不是很长，随后由伴娘护送归家。

灯笼

猜灯谜是元宵节的重头戏。灯谜台上用彩色纸写上谜语，台下竞相争猜。猜中的谜台就会“咚咚咚”联击三鼓。“咚”和“中”潮州音同音，据说元宵夜猜中灯谜的三声鼓声就是“中中中”，预兆“连中三元”。因此，很多读书人喜欢猜谜，促进了潮州谜语水平的提高，使潮州灯谜声名远播。清同治元年，时任潮阳知县的陈坤在《潮州元宵》竹枝词中写道：“上元灯火六街

猜灯谜

红，人影衣香处处同。一笑相逢无别讯，谁家灯虎制来工。”灯虎、文虎是灯谜的别称，从诗中可以看出猜谜已是潮州一项群众性的活动，且谜艺堪居全国前列。清末民初，潮州城有“古松谜社”“芸香谜社”“筱斋谜社”等民间组织，常搭谜棚公开设猜。翁松孙先生、饶锡如先生主编的《影语月刊》于1926年开始发行，是全国最早出版的谜刊。谢会心先生的《评注灯虎辨类》于1929年出版，书中提出的灯谜法门43类，现在仍为灯谜家所广泛应用。不过现在猜谜已经不再是元宵节特有的游艺活动，在春节、中秋等节日和各类群众性文化活动中也经常举行。

旧时，“掷喜童”是元宵节一项游戏娱乐活动，经营这个活动的人利用民众求子心理来赚钱。他们用竹搭起一个蓬棚，在棚中用泥土瓦砾垒起一个大大的弥勒佛坐姿泥坯，然后以稻草和上湿泥涂抹表面，塑出弥勒佛像，再裱上绵丁纸，涂上颜色，做成一个笑口常开、大腹便便的弥勒佛。经营者把潮州大吴泥塑“喜童”放在弥勒佛身上。参与游戏者站在一丈多远的竹栏杆外，用铜钱瞄准弥勒佛身上的“喜童”投掷，中者“喜童”即归其所有，说是预兆有添丁之喜；不中者铜钱即归摆弥勒佛的棚主所有。大吴泥塑“喜童”形象是个胖墩墩的男童，招人喜爱，摆放在家中显得喜气洋洋，所以不单是青年喜欢参与这个游戏，许多小孩子过年有了压岁钱，也拿来“掷喜童”。

八、大老爷出游

潮州南堤有一座青龙古庙，又称安济王庙。“潮州土俗，以蛇之青色者为青龙，奉之如神。”这座庙原是祭祀青蛇神的。据乾隆《潮州府志·寺观》载：“前明滇有宦于潮者，奉神像至此，号安济灵王。”王伉是三国时期蜀汉永昌太守，保土安民有功，死后当地人立庙纪念。传说多次显圣，历朝加封至安济圣王。据传清朝初年，潮州人谢少苍到云南永昌做官，遇到劫难，安济圣王显圣，帮助他脱难。后谢氏回到潮州，便刻了安济圣王神像带回家中设坛祭拜。后来由于慕名而来的乡亲邻里越来越多，谢氏遂将神像迁到青龙庙。潮州人对王伉特别崇拜，于是敬称其为“大老爷”，称青龙庙为“大老爷宫”。青龙庙的香火一直很旺。

大老爷出游是潮州最盛大的游神赛会。正月初四掷珓，正月下旬择日出游，出游日期总在正月廿四到廿九之间，正月廿四是“大老爷生”。大老爷出游之前，有连续三夜盛大的花灯游行。第一天晚上叫作“头夜灯”，花灯游行之前，全城7个社的花灯要到南门外安济圣王庙参拜安济圣王。游行队伍先在开元寺集中，再到南门大老爷宫参拜大老爷，然后入城分头游行。潮州城的人倾城而出，南门外、南堤上人如潮涌，人们争赏花灯。花灯游行的第二个夜晚叫作“二夜灯”，在北门青亭巷虔诚祠集中后分头游行。第三个夜晚则游行于城的南部和西部。全城名个角落都能够看到花灯游行。

九、端午赛龙舟、吃粽子

端午节前后，潮州会举行赛龙舟活动，相传赛龙舟是为了纪念屈原的，古今相沿，已成为习俗，也是本地的一种体育活动。磷溪镇、黄冈镇、庵埠镇、彩塘镇、东凤镇等每年端午节前后仍有组织赛龙舟活动，备受市民喜爱。龙舟，顾名思义是像龙形的船，规格多样，有六对桨、十二对桨、十七对桨、五十二对桨的，但比赛时一定是同样规格的龙舟。参加赛龙舟的对象是有一定条件的。赛龙舟有新船和老船之分，新船人员是18（虚）岁至27岁的男性青年，老船人员是28（虚）岁至34岁（如人数不够年龄可大点）比较有经验的中年男性。布置赛场时，有桥的则以桥为龙门，桥上两岸要搭彩门并插上彩旗；没有桥的则要在溪河中用竹搭一龙门，系上鲤鱼或灯笼、彩球、灯饰，两

赛龙舟

岸插上彩旗。接着上龙，龙船下水时，先要搭一神棚请来本村庙宇老爷之后，再请上龙头祷祝祭拜，保佑赛事顺利平安、圆满成功。

开赛第一天，桥上或岸上只插一支大红布标，上午是由新船人员进行热身训练，下午才由新老船人员进行比赛。参赛者统一穿戴头巾和衣服。新老船人员装饰有别，上衣印上号码。开赛之时，龙船划到老爷宫前或到桥头时，应由坐头桨的人员上宫或上桥祭拜，保佑赛龙顺利。后才正式训练比赛。比赛第二天，桥上或岸上插上两支大红布标以示今天要进行决赛。决赛是由新老龙船双方进行的，或由村与村的龙船进行决赛的。

送标是在比赛第二天下午黄昏时举行的。经过角逐比赛，决出胜负，再由送标人送给优胜者。送标人的资格，一要辈分大，二要长寿，三要公婆齐全，四要儿孙满堂。赛龙舟一般都是新船夺得头標的，它象征着青年后启之秀，后来居上，顺利发达。赛龙结束，坐头桨的人要抱上龙头到神棚上进行祭拜。

端午节还有一个重要的习俗就是吃粽子（也叫“粽球”）。潮州人不但端午节有吃粽子之俗，而且无论冬夏，四时皆有吃粽子的兴趣。因而小吃店、点心店里经常可以看到有粽子卖。吃粽子的习俗，汉时已有，不过那时是用竹筒装米煮而成的“筒粽”。到魏晋时，才有形似现在的粽子，那时叫“角黍”。潮州“粽球”由竹叶、草绳（稻草最好，也可用棉线代替）、糯米、猪肉等制成，极有自己的特色。做法一般是以糯米掺猪肉、虾米、花生仁及香料为馅，也有一半为咸馅，一半为甜豆沙，称“双烹粽球”。而山区人民要事先上山砍下杉尾、三丫苦、五指

粽球

双烹粽球

赛龙舟

胶焖煅泡水浸出液，澄清后泡糯米，以糯米作馅，制成小枕头般的“大糯粽”，香味独特，柔润滑腻，有健胃去湿清热之功效。另外，潮州还有另一种粽叫“栀粿”，以糯米粉及栀汁和茶子按比例加入混合，用纱布包裹装入竹箕蒸熟而成，吃时用线切割成小方块醮米糖吃，有助消化祛病之功用。

十、中元节普度施孤

农历七月十五日为道教的中元节，佛教称为“盂兰盆会”，民间则叫作“鬼节”。传说，七月初“鬼门关”开门，地府的孤魂野鬼纷纷跑到人间游荡。于是，人们在中元节这一天除祭祀先人外，还要大规模赈济孤魂野鬼。据《乾淳岁时记》载：“七月十五日，道教谓之‘中元节’，各有斋醮等会。僧寺则以此日作盂兰盆斋，而人家也于此日祀先。”

在这一天，潮州各乡村往往于村头巷口搭起高高的竹棚，设起普度坛。普度坛中央悬挂着“盂兰盆会”的横幅或三官大帝像。在坛前方摆上下两层桌子：上桌放一个斗灯，下桌放神像、香炉之类。斗灯内放白米、铜镜、古剑、小秤、剪刀、尺……以示避邪。坛前放一排长桌，供民众摆牲礼用。差不多到中午时刻，各家各户都挑起三牲、面馃、水果等来祭祀，法师高坐餐坛之上，摇铃诵经。当诵完一遍后，便将座边的面馃、大米撒向四方。在法师撒面、米时，围观的人必一哄而抢。据说，抢到这些东西意味着有福气、财气，特别是那几个重达一斤多的面馃，更被认为是大财气而成了哄抢的对象。旧时，也有在高高的竹制的施孤棚上放一些祭品，祭完让人去抢。于是，这些东西成了生活贫困者的抢夺目标。当鞭炮声响，他们往往奋不顾身，而身体羸弱者往往只能望着施孤棚干着急。小规模的普度则是在午后。午后，人们抬凳搬桌，放在家门口，然后将祭品放在上面。祭品上遍插香火，并且将香火插满沟边路旁，意思是遍济四方。这些香火是祭祀“孤爷”（孤魂饿鬼的美称）的，不允许小孩乱动。

十一、重阳放风筝

潮俗说：“九月九，风筝仔，满街走。”说的是潮州人在这一天的一项特殊习俗——放风筝。潮州地区春夏多雨，冬天太湿冷，相比之下秋天最宜室外活动。金秋季节，秋风送爽，潮州的蓝天下飘着一只只造型别致的风筝，使人觉得生活充满生机，全然没有北方秋天的萧瑟景象。潮州放风筝之俗较为普遍。风筝多是小号的，削竹篾为架，糊上各种质量的白纸，再在白纸上画上各种图案，常见的有鲳鱼、章鱼、蝴蝶、蜻蜓等动物造型。

十二、筅尘

筅尘是潮州人每年农历十二月廿四之后到除夕前，为迎接新年而进行的一项民俗活动。人们用榕树枝叶、嫩竹枝叶和红花、菝草扎成长长的掸子，扫去屋角房梁上的蛛丝烟尘，同时清洗各种用具，丢掉久杂无用之物，把家里上上下下打扫干净。这种良好的民俗源远流长，《初学记》卷四引《吕氏春秋·季冬纪》就有注曰：“岁前一日，击鼓驱疫，谓之驱除，亦目傩。”过年前祛除疫气、扫除瘟物代代相传，渐成习俗。在潮州，人们在掸子上扎上嫩竹、榕树及红花、菝草的枝叶，其用意也在于驱除邪恶瘟疫。人们相信通过筅尘可以把家里的秽气清除干净，更好地迎接新年的福运，所以无论多么忙碌，这个仪式是一定要举行的。

第二节　涉竹生活礼俗

一个人从呱呱坠地开始，到最后瞑目而逝，人生的诸多礼俗一直贯穿在生命的过程中。在诞生礼、成年礼、婚礼、葬礼等环节中，包含着丰富多彩的习俗。潮州涉竹生活礼俗众多，大致如下：

一、祈子护子

以灯祈子的习俗在很多地区都有。潮州姑娘出嫁时，一盏崭新的油灯是少不了的。这盏灯带到婆家之后要放在床头，意思是带来了人丁。在产妇分娩前后，人们就在门框挂上神符、竹叶、榕叶、仙草等，祈求产妇顺利产下小生命、新生婴儿健康成长。等生了小孩，家里就会设置公婆（潮俗认为这是一对夫妇，是看护儿童的神祇）牌位祭拜。每年祭拜公婆时就点燃这盏灯，祭拜后不能吹灭，应该让其自然熄灭。

二、出花园

潮州自古有一种独特的成人礼俗——出花园。潮州人认为未成年的孩子一直是生活在花园里的。孩子长到了15岁，就得择吉日举行“出花园”仪式。

这一日，要采来十二样不同的鲜花，浸在水里给孩子沐花水浴，让芬芳洗净身上的孩子气；扎上母亲亲手缝制的腰兜，腰兜里压有十二颗桂圆和两枚“顺治”铜钱或两枚龙银圆；穿上外婆送的新衣服和一双红皮木屐，让孩子跨出花园，一帆风顺。还要拜床上的神“公婆”。这时要在床中央放上一只浅沿的大笸箩或红桶盘，用米筒盛满米、插上三炷香，前面摆上十二碗甜薯粉圆、十二盅乌豆酒以及红桃粿、发粿、三牲（鱼、猪头、三鸟）。男孩子供的三鸟是一只公鸡，女孩子供的是一只母鸡。母亲还得代表孩子带上供品，到街头巷尾的庙宇祭祀与孩子“厮守”在一起的“花公花奶”，答谢他们看护庇佑孩子之恩。

这一天，出花园的孩子不能跑到当空之下，要躲在屋子里。这实际是要他（她）从这天做起，不再贪玩，做个循规蹈矩的孩子。这一天还要用供果、三牲宴请亲朋好友。出花园的孩子要以成年人相待，破例让他（她）坐到席上的大位，象征着孩子已成了家的栋梁。席间，亲朋好友们要向孩子祝愿，赠寄美好的期望。从此，孩子就算跳出了花园墙，告别了花香鸟语、天真烂漫、无忧无虑而又懵懂无知的童年，标志着他（她）进入了成年，真正踏上了人生之路。

泥塑作品《出花园》（作者吴闻鑫、吴宏城、吴光让）

三、新娘嫁妆

结婚时候，饶平一带男方下聘礼，女方要送男方家一对榕树枝、一只竹椅，表示祝愿夫妻同心同德。

在过去，新娘的嫁妆一般是衣服、木箱等。而隆重的陪嫁就是“全厅面”。“全厅面”即新娘过去夫家，卧室、堂厅上面所必需的一切物品，如圆桌、鼓椅、成对交椅、梳妆台、炕床、金银首饰、五桶（饭桶、碗桶、脚桶、腰桶、马桶）等。还要用红口袋装上谷种，用整根竹苗当扁担挑着，随着新娘带到夫家。替新娘挑随嫁物品到夫家的人叫“青郎”。

四、丧葬用品

在祭祀礼仪中，竹子亦是重要的承载物。竹冠不只用于遮阳挡雨，或为帝王“祀宗庙诸祀则冠之”的“斋冠”。竹杖除了帮扶人们登高履险、支撑身体平衡外，还可用作丧葬之具。“竹节外，丧礼以压于父”。孝子手执族中长辈或母舅赐给的哭丧棒，念：“日落西山，母舅赐棒；儿孙有孝，代代荣昌。”父亡子手执竹杖，因竹有节，意为节哀；母丧子手执桐杖，意为哀痛同于丧父。

五、“过番”三件宝

潮州自古地少人多，耕地较少。在清代海禁解除后，大批潮州人为了生计而走上“下南洋”的过番之路。南洋即今东南亚一带。过番有三件必备的东西，分别是水布、市篮和甜粿。水布，也叫作浴布、头布、番漫等，长约2米，宽约80厘米，织印有红、青、蓝各种颜色的大小方格，是潮汕农村男子随身携带的宝贝。外出时束于腰间，十分精神豪壮。劳动时用以擦汗；暑天树下纳凉可席地而坐卧；下河洗澡时则作围腰浴巾；冬天围于头颈可以御寒；还可遮阳、挡雨、打包袱、作肩垫，用途十分广泛。市篮是个简单的竹篾编的篮子，类似今天的单肩背包，用来放几件仅有的破旧衣服和一点干粮。为什么叫市篮呢，是因为在塑料袋普及之前，人们去市场，手里都要挽着个竹篮来装东西。竹篮本身就很干净，潮州人还会用蕉叶、咸草、纸袋等来辅助装肉类、豆类等食物。这些东西都可降解，迅速回田，非常环保。而甜粿是以糯米、白糖为原料制作的一种潮州传统小吃，形似满月，质地软嫩，耐存抗饿。由于要漂洋过海很长时间，所以人们才需要备上甜粿。这三件宝见证了过番潮人吃苦耐劳、艰辛发家的历史。“凡是有海水的地方，就有潮州人。”后继的潮人华侨在先辈奋斗过的热土上，刻苦务实，才成就了今天潮人华侨取得的辉煌成就。“海内一个潮州，海外一个潮州。”新中国成立以来尤其是改革开放以来，潮人华侨情怀故里，纷纷回家乡出资赞助公益事业和投资兴业，为潮州经济社会发展做出巨大贡献。

六、营锣鼓

营锣鼓是一种潮州的传统民俗活动。营锣鼓在各乡各里的举行日期各不相同，但主要集中在春节期间，村里的老人们会到庙里请老爷出游，意味着今年村民们会风调雨顺、平平安安。村里营锣鼓那天，热闹非凡，观者如潮。只要哪里听到那扣人心弦的锣鼓声，哪里的人就会倾家而出。当远远望见彩旗缤纷时，小孩子们会兴奋地叫喊：“来了！来了！”于是各家各户鞭炮四起，给节日增添了几分喜庆气氛。在队伍前面是手执彩旗的少女们，浓妆艳抹，妩媚动人，随风飘动的五彩锦旗为她们增添了许多英姿。彩旗后面是一队女孩子，扛着一面面大标旗。大标旗是一种长约3米、宽约1米的长方形旗。长

营锣鼓

的一边横穿一杆五六米长的竹竿，竹竿的末梢留着一点竹叶，并挂有橘子、石榴等象征吉祥的水果或绣球等其他饰物，别有一番情致。大标旗是用丝绸制作的，绣龙描凤，并绣着“国泰民安”“普天同庆”等。大标旗三边是荷叶花边或彩穗，上端垂着红灯笼，下端垂着吉祥物。出游时，扛标人约在大标三分之一处着肩，一手压着标杆，使大标上方高下方低，而且不断晃动，使整幅绸缎随之颤动，十分好看。紧跟着大标的便是挑花篮队，也是清一色的少女。她们用一根薄且软的扁担，挑着两个小巧玲珑的花篮，花篮里放着簇簇鲜花。彩旗、锦标之后，便是锣鼓班了。锣鼓班以大锣、斗锣、深波等近十种打击乐器为主奏，辅以扬琴、柳胡、洞箫等十来二十件弦管乐器伴奏。领奏的是一把长杆的唢呐。乐曲由少而多，由单调变丰富，视不同的活动内容而变化。一般游行，多演奏抒情的二板套《南正宫》《小扬州》和活跃的三板套《画眉跳架》等。后面就是一队“涂戏”，它往往是众人围观的主要目标。所谓“涂戏”，就是人们化装成一出出的古装人物造型，如《三国演义》的“桃园结义”、《水浒传》的“野猪林”，以及《狄青八宝》《薛仁贵回窑》等，也有各种各样的历史人物，如包公、海瑞等忠臣良将。这些造型大多用木板车载着，人们观看着这些造型就如同观看旋转舞台。最后就是各种各样的动物造型，有骆驼、鳌鱼、鹅、狮子等。当队伍游行到一个广场时，就停下来表演。各种由人扮成的动物就跳起千姿百态的动物舞。

七、舞龙

舞龙是潮州地方传统民间舞蹈之一，古代劳动人民以舞龙祈求风调雨顺、五谷丰登。舞龙艺术活跃于城乡各地，在节庆文化、民众文化中发挥着巨大作用，是潮州民间艺术极具代表性的缩影。舞龙的道具制作一般是用竹片做成骨架，外表用纸装裱，画上龙鳞，涂上色彩。龙身长约30米，分龙头、龙尾和6个龙身，共8节。龙身直径70厘米，龙头重10多公斤。舞龙由8人表演，融合武术的武功动作，舞动时翻腾跳跃、刚劲雄健。表演套路有：一是单龙独舞，叫“金龙戏球”；二是双龙同舞，叫“双龙抢宝”；三是龙鱼共舞，叫“龙腾鱼跃”。其套路分解为出潭、逐浪、迎祥、戏球、追球、穿跃、翻肚、跳节、抢球、降福等10个招式，有别于北方的游龙和福建的火龙。2011年，潮安舞龙被列入潮州市非物质文化遗产保护项目。龙湖镇

舞龙

市头村、市尾村和彩塘镇的新联村等舞龙表演队，颇具代表性。

八、鲤鱼舞

鲤鱼舞又称舞鲤鱼，潮州鲤鱼舞始自唐代，从宋代开始一直流传于民间，它发源于“鲤鱼跳龙门”的美丽传说，后来，潮州人为了纪念韩愈驱走鳄鱼、兴学育才等功绩，遂以鲤鱼的生态情景作为素材，巧妙运用南派武术套路，至今已形成一套较为固定的表现形式。鲤

鲤鱼舞

鱼的鱼头、鱼身、鱼尾三部分骨架是用竹篾、竹片及铁丝扎成的，然后用铁丝连接起来，再将圆竹棒的一头插入鱼腹至鱼背顶端为握棒，最后用白布包缝各部位，绘上图案和色彩。表演者是5名男子，由12个基本动作组合成不同的表演套数，形象地表现出鲤鱼出滩、跃埂、啃泥（降涂）、抢食、穿莲、送鱼、三相、比目、打春、产卵、五相、化龙等动作。舞者舞动时双手动作幅度较大，步法则以“圆场步”为主，配合跪地、抬腿、跳跃等。动作刚劲有力，粗犷奔放，具有南派武功的特点。表演时配以潮州大锣鼓，场面壮观，气氛热烈。鲤鱼舞几百年来在潮州民间代代相传，在潮州历史及现代的民间舞蹈中有不可代替的地位。文里鲤鱼舞俱乐部成立于2012年，是潮州市一支较专业的鲤鱼舞传承团队，2014年被市文化广电新闻出版局确立为潮州鲤鱼舞传承基地。潮州鲤鱼舞于2007年被列入广东省非物质文化遗产保护项目。

九、双咬鹅舞

双咬鹅舞是潮州颇具特色的民间舞蹈。潮州地区地处韩江中下游平原地带，水草茂盛，故盛产家禽，旧时几乎是家家户户都畜养，其中尤以澄海狮头鹅最为著名。双咬鹅舞便是在此生活素材中提炼出来的。制作道具时，首先必须制作一个象形躯壳。先用竹、藤作骨架，躯壳一般要比活鹅大数倍以上，身长2米多，高2米，头连颈高1米多。壳子扎好后，裹以白绒布，涂上色彩，惟妙惟肖。表演时，每只鹅壳套进舞蹈演员3人，身上衣着颜色不拘，以紧缩为宜。足着布鞋，鞋面铺上两片制成鹅脚趾的象形布，小腿再裹上鹅脚象形布套，头和翅膀能活动自如，舞起来栩栩如生。另有演牧童的演员，衣饰配搭不拘一格，胸腹间缠一肚兜，脚穿草鞋，手执长笛，头上戴一个变形夸张的孩童头壳，脸部造型天真活泼，逗人喜爱。双咬鹅舞所表演的内容质朴自然，乡土味浓，富有生活气息，全程约30分钟，主要呈现的是牧童出牧到归牧的全过程，并以鹅的咬斗为高潮。舞蹈伴奏必须配备潮州大锣鼓，主要管弦乐器要配大唢呐、小唢呐、笛子，其他乐器不拘。

十、蜈蚣舞

潮州舞蹈中有一种别具一格的民间大型广场舞蹈，叫蜈蚣舞。澄海西门蜈蚣全长22米，分头、身、尾三个部分。头部长1米，身躯长18米，尾部长3米。头部由额、鼻、嘴三大部分组成，酷似“醒狮头”。嘴两侧有一对犀利的牙齿，两眼嵌上透光的绿灯，雄壮威武。身躯是用硬、软28节布框衔接而成的，硬框用竹篾作骨架，每节55厘米，配足两对，共13节；软框只用布料缀成，每节长65厘米，称为“软肚”；再加上衔接首尾两节，共15节。舞蹈动作的设计是模仿蜈蚣的神态和动作。蜈蚣是节肢动物，表演者均用半蹲的姿势起舞，运用武术的“双下堂”“丁字马”“单弓”“双弓”“单恰”“双恰”“观音坐莲”等动作。蜈蚣舞动时蜿蜒穿梭，变化万千，构成了“3”字、“6”字、“8”字、“9”字、水波纹、蟠四柱和蟠梅花点等优美舞姿。同时，还有快速咬尾、翻肚、吐珠等紧张激烈的高难度动作。优美的舞姿与健美的武术融为一体，气势磅礴，情趣盎然。表演时，常用“龙摆尾”“出闸”“飞凤衔书”“柳青娘”“水底鱼”“白字吹鼓”以及民间小调作为伴奏乐曲。

十一、鳌鱼舞

鳌鱼舞是潮州舞蹈又一奇葩。传说，鳌鱼与龙、凤、麒麟一样，是吉祥的象征。古代人们称状元及第为“独占鳌头”。鳌鱼的躯壳构造分为首、身、尾三部分。首部骨架用藤、竹和丝纸等材料扎制，外观加上彩绘，成为变形夸张的双角龙头。身躯用竹扎成两节骨架，外面罩一幅绘制鱼鳞的大布套，里面可容三个舞鳌演员钻进去操作；接近首部地方骨架还要做特殊设计，上面可容一个少年（扮成龙女）坐骑。尾部用藤扎制骨骼，外裹绸料结成鳌尾，可以活动，舞时能左右摇摆自如。首、身、尾连成一个整体，共由5个舞蹈演员操纵。躯壳总长共13米。鳌鱼登场献舞时要由一擎珠人引带，擎珠人身穿侠装，头扎英雄巾，以前后滚翻、空翻等动作，与鳌鱼的各种舞姿互相配合，相得益彰。原来鳌鱼舞演出时间为两个钟头，后来舞鳌队不断加以革新，为适应当代群众的时尚心理和欣赏习惯，把演出时间压缩为20分钟。革新后的鳌鱼舞分为"鳌鱼出海""穿校波涛""龙女登鳌""鳌跃龙门"四个部分，并由24名少女组成的扇舞和12名男青年组成的水灯舞配合，构成大海波浔的优美意境。鳌鱼舞的伴奏需要成套的潮州大锣鼓班，由打击乐队和管弦乐队组成。打击乐配斗锣至少四对以上，还得有大钹、小钹、深波、苏锣等。管弦乐以大、小唢呐和笛子为主，其他乐器不拘，统一由司鼓指挥演奏。主要乐曲有《十杯酒》《小扬州》《水底鱼》等。

十二、骆驼舞

骆驼舞是一种潮州人所喜闻乐见的样式。据说，新中国成立前，尤其是清末民初，潮州游神赛会活动十分盛行，各乡各村各出奇招，标新立异。那时候，有一些北方人经常牵着骆驼来潮州一带贩药卖艺，群众少见多怪，啧啧称奇。于是，澄海县城的艺人便据此创作了骆驼舞，在游神赛会期间登场献演。

骆驼舞的主体部分包括骆驼、骆驼先生、药童、牧人及武打人员五个方面。骆驼躯壳的体积与真骆驼大致相同，用藤、竹扎骨架，糊上麻布，外表再用麻仁丝染棕色制成骆驼毛披上，或间以白毛。舞驼头者手执一竹竿，在壳里操纵。牙齿用竹签制成，眼睛用木料装置。舞蹈演员二人，藏在躯壳里活动。

骆驼先生由一人扮演，穿蓝色长袍，戴黑色枣仔帽，腰束绸带，足着草鞋，留八字须，背一把老式纸雨伞，伞柄挂个小铜锣，边走边敲。药童头发剪成左、中、右三颗桃形，中间的一颗要留长，可编成一支竖立的小辫子。上身围一个红肚兜，下身穿黄色裤，足草鞋，脖子上挂一个三角大神符袋，肩挑一担药囊。显眼的地方挂一束牛牙和一片大膏药，以示专门拔牙及治跌打损伤。骆驼牧人由一人扮演，身穿武侠装，头扎英雄巾，手牵着拴住骆驼鼻子的长绳。武打人员，2～8人均行，但必须是偶数。

骆驼舞的表演程式是：开始由骆驼先生登场表演卖膏药，念诵《百草丹》，台词诙谐风趣；接着由武打人员登场卖艺献技；再由骆驼牧人登场，做一番高难动作武技表演，然后牵骆驼登场，表演沐洗、吃草、喝水、咬虱子、摇身等生活动作。接着是与骆驼戏耍、互相较量。最后是骆驼牧人爬上骆驼背，在悠扬的乐声中退场。全程表演时间约为一个小时。

伴奏部分需配备成套潮州大锣鼓班，包括打击乐与管弦乐，统一由司鼓指挥。打击乐有大鼓、斗锣、大钹、小钹等。主要乐器突出大唢呐。

十三、狮子舞

狮子舞是我国流行最广泛的一项游艺活动，起源于三国，兴起于南北朝，到唐朝时已相当普遍。潮州狮子舞颇有代表性。其狮子造型是：大头、凸额、钩角、身形斑驳有花纹。狮头外壳是竹篾结构，纱纸粘贴褙褙，薄绸作里，并涂上五彩缤纷的图案。有的前额装上镜子，眼睛安上玻璃球，光彩夺目。广东狮子舞由三人组成：一人舞狮头，一天舞狮尾，一人扮成“大头弟”。“大头弟”头戴面具，手执大葵扇，引导狮子起舞，动作滑稽可笑。舞狮时伴有锣鼓队，狮子随着鼓点的快、慢、轻、重，忽而翘首仰视，忽而回头低顾，忽而回首匍匐，忽而摇头摆尾。在模仿动作上，有舔毛、擦脚、搔头、洗耳、朝拜、翻滚等；在技巧上，有上楼台、过天桥、跨三山、出洞、下山、滚球、吐球等。

十四、纸影戏

“纸影”是潮州农村一种特别广泛流行的文娱方式。每逢祭神日子，人们往往请来演纸影的戏班，在神庙前面、在村头街尾的广场上搭竹棚做戏，既敬神也娱人。早在清代，就有人提及这一种民风习俗。汪鼎《两韭庵笔记》载：“潮郡之纸影亦佳，眉目毕现……潮郡城厢纸影戏，歌唱彻晓，听达遐迩。”李勋《说诀》卷十三亦载：“潮人最尚影戏，其制以牛皮刻作人形，加以藻绘，作戏者匿于纸窗内，以箬运之，乃能旋转如意，舞蹈应节；较之傀儡，更觉幽雅可观。”清代潮州地区所流行的，应该是古老的皮影戏。即戏中人物全部用牛皮或驴皮、羊皮制成。先要将皮革在桐油中浸过，使得这些东西都变得透明如膜，然后剪成人形，加上彩色；每一个人分为身、首、四肢六部分，再连缀起来用铁枝、铁线操纵，便能活动自如了。演出之时，台内燃灯，台面装一作框架子，糊上半透明的素纸，就像现在的银幕，作为投影之用。不过现在的纸影戏已由纸窗改为阳窗（即不再用纸蒙台面），偶像不再用皮雕形，而是以捆草为身、扎纸为手、削木为足、塑泥为头的圆身立体木偶。以后又发展为木质身、泥塑头，也即现在流行的样子。木偶的操纵仍保留原皮影的铁线。纸影棚长、宽、高均为一丈左右，台离地面四尺半，台上方挂有绣上班

铁枝木偶

名的横幅，台中挂“双狮戏球”或“双龙夺宝”图样绣帘三幅，整个台面显得富丽堂皇。偶像高1尺多，服饰均用潮绣点缀，与潮州传统工艺品的屏灯人物相似，精巧纤秀。影戏班设操纵、演唱、乐工数人，有时操纵和乐工也兼演唱，更简单的是播放录音。所演剧目，包括唱腔、音乐都跟潮剧相同，连木偶动作表演也模仿潮剧表演程式。

十五、祭路头

旧时在潮州乡村里，有时会看到路边有一只竹筛，其中放着几碗饭、几个蛋，有时还有一条鱼、一块猪肉。但是没人去动它们，因为这是有病人家祭路头的供品。有人出门回来，突然得了暴病，又久医无效，其亲属会以为这是与鬼“冲逢”，得罪了鬼魂。病情严重者，就必须祭路头，即将丰盛的饭菜摆放在十字路头宴请鬼魂。在煮这些东西时，为表示虔诚，手要洗净，且不能试生熟、尝咸淡。走路的人如果遇到这个情况，可以目不斜视地走过去，不能回头看，否则病人的病症会移到自己身上。这些祭品，祭礼的人是不会收回的，一般的人也不会拿去吃。但在过去饥荒年代，有一些饥寒交迫者管不了那么多，拿来先吃了再说。可谓“人鬼争食”，十分凄凉。

十六、祈雨

旧时，每逢干旱无雨，潮州乡村总会举行一些祈雨的形式。在北方，农民求雨多向老龙王祈告。而潮州农民却是向一个毛头小孩祈告。这“雨仙爷”叫“风雨圣者”，原是揭东县登岗人，父母早丧，跟着兄嫂度日。嫂子对他不好，每日让他挑水、打柴、扫地。一日，嫂子以无干柴为借口要断他的炊。然而他却若无其事地将脚伸进灶里当柴烧，饭熟而两脚安然无恙。有一天，他到潮州城里，忽见一群官员跪在烈日之下求雨，便骂道：“你们这些狗官求什么雨。瞧我的！”说罢竹笠一摇，忽然间乌云满天，降下倾盆大雨。官员大喜，正想褒奖他，他却以为要责打他出言冒犯之罪，拔腿便跑。众人赶到一个小山脚下，他奋身穿入一樟树干里，不知去向。大家为了纪念他，只好用树干雕出他的肖像，当作神仙崇拜。

求雨的仪式有个人与团体的分别：个人的是自己带些礼物，到庙里许愿祷告。团体是逢大旱的时候才举行，多由各地的乡绅组织大锣鼓队，率领民众到雨仙爷的庙里请愿。如通过掷杯筊得到神的许可，便将神像抬到开元寺里来。寺里设宽大的篷棚一座，中设雨仙爷的神位，四周张灯结彩，正面摆香案。日间演戏或打醮，夜里燃烟火或祭孤魂。日夜不断地做神戏以娱神。

第三节 “前榕后竹”

潮州有一句俗语为“前榕后竹”。早在唐宋以前，潮州就已有种植榕树、竹子的习俗。潮州人对这两种植物非常喜爱，无论在村头巷陌、屋旁路畔、庙宇池塘边，还是在家庭阳台，都可以见到榕、竹的影子。在潮州农村，村前总要种上一两棵大榕树，村旁村后总有成排成片的竹子。《澄海志》记载贵族修建祠堂：“望门喜营屋宇，雕梁画栋，池台竹树，必极工巧。”

潮州人喜欢种植榕树和竹子，一是由于榕树和竹子本身具有的使用功能，例如榕树可防风固沙，可遮日挡雨，可乘凉休憩；而竹子则跟人们衣、食、住、行等生活有密切关系，竹子可制作竹笠，可搭竹棚、竹排，且竹笋又可食用。二是榕树和竹子寄托了潮州人的人生追求。榕，潮汕话与“成”同音。竹，潮汕话与“德”同音。村前种榕树，村后种竹子，取“前成后德”之意。而有的祠堂前也会种竹子，有前人种“德”后人荫的意思。因此，“前榕（成）后竹（德）”就反映了前有所成就，能成功立业，后就要多积德，多做善事的人生哲理的文化内涵。闻名东南亚的华侨实业家陈慈黉，事业有成之后不忘家乡养育之恩，遂于1907年在家乡兴建了一所早期侨办学校，并命名为成德学校。陈慈黉此举，可以说是“前榕（成）后竹（德）”文化内涵的最好例子。三是榕树和竹子所表现出来的优秀品质深受潮州人喜爱。如榕树有博大的胸怀，它甘愿顶住烈日暴雨的袭击，而留下一片空间供人们乘凉、避风雨。从这个角度来说，榕就是“容”的意思，既能容己且能容他人。榕树还具有顽强的生命力，不管天气如何恶劣，终年四季长青，枝繁叶茂，永不枯萎。因此，潮州人把榕树称为“承”或“诚”，就是期望能继承榕树的高贵品质，又称它为

“成”，以祈能有所成就。至于竹子，则有虚心、有节、根固、挺拔、耐寒、随处而安等特点，这与人的优秀品质、高尚情操有相通之处。由于榕、竹有上述的高贵品质，所以它们被视为吉祥物，象征着吉庆祥瑞。

第四节　涉竹俗语、俚语、歇后语

潮州方言，即潮州话，属汉语方言八大语系之一的闽南语系，也是现今全国最古远最特殊的方言，被称为“古汉语的活化石”。潮州方言古朴典雅，词汇丰富，语法特殊，保留古音古词古义多，语言生动又富有幽默感，与其他语言有很大区别。潮州俗语、俚语、歇后语是潮州文化的特殊凝聚载体，是潮州人民的智慧结晶，是一个多层次高品位的文化宝藏，蕴含了丰富的人生经验和育人道理。下面罗列部分涉竹的潮州俗语、俚语、歇后语。

1. **牛皮灯笼——肚内光**

用牛皮做的灯笼，光透不出来，但是灯笼里面很光明。比喻心里明白。

2. **竹叶包沙母——假粽**

用竹叶子包上大沙粒冒充粽子。“粽”在潮州话里谐音“壮”，“假壮”即冒充健壮，多用于讽刺。

3. **竹篮打水——一场空**

比喻白费力气，没有效果，劳而无功。侧重于用的方法不合适。

4. **无耳畚箕——孬掼**

没提耳的簸箕，想提也提不起来（“掼”音潮州话里近“官”升调）。喻指没本事的人想提携都很难。

5. **元宵灯笼——一肚火**

比喻人心里火气很大，意见很多。

6. **无鼻批担——扣（靠）唔住**

两端没有钩的扁担，扣不住绳子。谐音指靠不住。

7. **半天吊灯笼——四搭无向**

半天里吊了个灯笼，四面都无依无靠，“四搭无向”潮州话谐音双关，比喻没来由、没根据。

8. **竹笋上砧——刎面**

竹笋上了砧板（要做菜）时，要把外壳一层一层地剥掉，所以说“刎面”，潮州话谐音双关指人不要脸。

9. **竹篙落水——节节浮**

竹竿落到水里，每一节都是浮起来的。比喻情况越来越好，犹如“芝麻开花——节节高”。

10. **灯笼掉落水——浮姓（性）**

灯笼上都写有大大的姓氏，掉落水后浮起来的是姓。“浮姓”潮州话谐音“浮性”，指发脾气。

11. **单箫独弦——无和**

只有一支箫和一支弦乐器，没有协奏的。“和”本指和声、合奏，此处潮州话谐音双关指不合算、划不来。

12. **桥顶捞笼床——钩盖（交挂）**

在桥上打捞飘在河上的蒸屉，关键是要勾住它的盖子。“钩盖”潮州话谐音“交挂”，双关指事情遇到麻烦，或者跟某事有瓜葛。

13. 竹竿上路擎做横——唔就理

擎竹竿上路或进门，本应擎直不能横，指不讲理。

14. 竹竿量布——价钱长短

卖布常理是用尺量，而卖布用竹竿丈量，价钱另定。意为非理的事，其中也蕴涵常理。

15. 猫（老）鼠入竹筒——孬翻身

意指受到人身拘束或束缚。

16. 船头竹槌——又硬又滑

放在船头的竹槌，又硬又光滑。比喻人一方面貌似硬汉，一方面又滑头得很。

17. 破筐盛茄龟——拢总无用

破筐，指已腐朽没有用处或将被废弃的竹筐；茄龟，指不正常成长、弯曲的茄子。意指都被人们瞧不起的人或事物。

18. 烂茄镇竹筐——无谓

指腐烂变质的茄子应尽早丢弃，不能占用竹筐。泛指没有才能的庸人应尽早清除，不要占用原为能人的职位。

19. 厅堂吊竹帘——唔是画

指将竹帘挂在厅堂上，到底不是书画。

20. 竹竿晾被单——假旗

将被单挂在竹竿上，不管怎样都成不了旗帜。嘲讽一些人总爱搞虚荣，将被单挂在竹竿上当旗帜。其义与拉大旗当虎皮或狐假虎威近似。

21. 爱吃“竹仔鱼”

意思是“想被打吗”，多出自父母之口。竹仔鱼在潮州话中通竹子、竹棍等意思。旧时，家里小孩做错事，父母常会用小竹枝打小孩屁股教训一下。有时候可能只是说一通，如果下次再犯，就让他吃上一顿“竹仔鱼”。

22. **个碗双筷吃唔落**

暗喻没有吃饱，开玩笑说成是碗筷吃不下。

23. **无好砻臼，磨死新妇**

“砻臼”是我国南方水稻地区过去最主要的粮食加工工具。它是用竹篾围成圆柱体，再用泥土填实，加上配件而成的。砻臼使用时很受力，也易磨平，因此需经常更换构件。如果构件不好，当然是累死人的。推砻这种活儿由媳妇干。故不好的砻臼是会累死新妇的。比喻工具不好，累死干活的人。

24. **沉性猫擘破吊篮**

猫本任性，生气之时使劲摇尾巴，有时惹恼了它也有可能猛扑向你。潮州人所说的“沉性猫”则反之，它不声不响的，但叫起来更吵人，它闹起来让人感到更可怕，更难以对付。它会悄悄地跳到吊在半空中的竹篮偷吃篮里面的东西，故有“沉性猫擘破吊篮”之说。比喻人不声不响闹起来，你不防他也得防他，不然是会后悔的。

25. **草帽縻边**

“草帽”指水草、席草、麦秸、竹篾或棕绳等物编织的帽子。帽檐比较宽，用于遮雨、遮阳。“縻边”有粉碎、捣烂的意思。“草帽縻边”意思是漂亮的帽儿，但帽檐捣烂了，只剩下帽顶的地方还是好的。“草帽縻边”就是顶好，一语双关，表示最理想的选择，带有开玩笑的味道。

26. **孥囝拍碰鏢**

意思是一个人干某件事，又害怕又想干，虽然可怕但还是冒险猎奇。潮州话里把“小孩”叫“孥囝”、“鞭炮”叫“碰鏢”。逢年过节或是喜庆的好日子，人们都是要放鞭炮以示祝贺，这也乐坏了小孩，那种高兴劲呀自不必说。但是当孩子们看见鞭炮响起的声音和烟花，又不由得胆怯起来，点火之时就相互推让，这种又惊又爱的场面实在叫人忍俊不禁。

27. **立秋甲子，撑船上市**

地球上的水是以不同形态存在的，其总量保持一定并循环着，久旱之后一旦开始下雨，由于长时间未供给，水分也会不断聚集，形成长期下雨。所以当立秋是甲子日，洪涝灾害容易发生，出现“撑船过街道”的情况，要警惕、做好准备。

28. **撑船开铺，不离半步**

潮州话里，以篙使船前进称作撑船，开商店称开铺。撑船的、开铺的这些行当是不能随便离开的，因为随时有顾客要到。比喻做什么事情都应该有责任心，应当为别人着想。

29. **厚刀拿得起，猪肉割来煮**

这是竹器行业比较常听到的俗话，意思是从事竹器行业，如果厚刀拿得起并能使用得当，你就能在这个行业赚得到钱，赚得到钱也就买得到猪肉，也是我们现今说的行业生存，有能耐你才能立足。

30. **锄头畚箕筐，三弦琵琶筝**

锄头、畚箕和筐不仅是潮州农民的主要生产工具，而且是连城里的士学工商都必备的劳动工具，是人人皆用的生活器具。三弦琵琶筝代表潮州人民的精神文化活动。把三件生产工具和三件乐器并列，用以概括潮州人民的生活风貌，非常简练而又形象生动，由此可见三弦琵琶筝在潮州人民生活中的重要性及普及程度。

31. **数簿蚊帐帘，随便孬散掀**

意思是门帘和账本、蚊帐都不可随意掀开。旧时嫁娶喜事一般也要挂新竹帘。结婚用的新竹帘的面儿要有双凤朝牡丹、鸳鸯戏水之类的图案。当来家里的客人看到门口挂着喜帘，就知道这户人家有喜事，进去之前就得停住脚步先打个招呼，新婚夫妇就会出来接待客人。这是个礼节，家门口挂着帘，拜访的客人就不能随便进入。

CHAPTER 7

第七章

诛茅为瓦，编竹为篱

——竹与畲族

第一节　喜爱竹的畲族

畲族是中国55个少数民族之一，在中华历史发展长河中占据极其重要的历史地位。清康熙二十三年（1684）的《潮州府志·杂志》载："邑之西北山（凤凰）中有曰户者，男女皆椎髻箕倨，跣足而行，依山而处，出常挟弩矢，以射猎为生，矢涂毒药，中猛兽无不立毙者。"畲族的族称就是根据畲族先民的经济生活特点而命名的，具有辟地开荒、刀耕火种的意思，体现了畲族人民勤劳勇猛的本色。畲族以盘、蓝、雷、钟为主姓，早在隋、唐时期，他们就定居在粤、赣、闽三省交界地。

地处粤东、北接江西、东邻福建的凤凰山区，作为广东省潮州世居民族——畲族的聚居地，是全国70万畲族同胞主要的始祖开基地和民族发祥地。据2018年统计数据，在潮州生活着畲、苗、壮、侗、土家、黎等41个少数民族，户籍少数民族人口约6030人，占全市总人口的0.22%；其中畲族的常住人口约2810人，主要分布在3个县（区）的9个村，即饶平县饶洋镇的蓝屋村，湘桥区意溪镇的古庵村雷厝山、荆山村、桂坑村，潮安区归湖镇的山犁村、碗窑村、溪美岭脚村和凤凰镇的石古坪村以及文祠镇的李工坑村。畲族是潮州境内唯一有聚居村的少数民族。

畲族文化是特色浓郁的潮州文化的亮点之一。2007年畲族"招兵节"被列入第二批广东非物质文化遗产目录，2017年畲歌被潮州市政府列为第七批市级非物质文化遗产代表性项目名录。2019年潮州市成立畲族文化促进会，进一步推动繁荣少数民族文化事业。

在漫长的岁月里，畲族人民长期辗转迁徙于祖国东南部丘陵山地。南方的山林中常见竹子且种类丰富，竹制品又经久耐用，畲族人民就地取材，充分利用竹子的特性，根据生活需要编织竹制品，竹制品也就成为畲族人民日常生活中必不可少的东西。畲族擅歌，常“以歌代言”，所唱的歌词中就有许多是描写、歌颂竹子的，如“林中竹枝叶丝丝，落湾毛竹椏摊摊”“拦路竹鞭不生笋，生笋竹鞭不出泥”“泥下毛竹生好笋，密林深处有娇莺”“毛竹出泥节节老，做人几转少年时”等，可见他们对竹子的熟悉和喜爱。

除了竹子极大地满足了畲族人民的生活需求，竹子的精神品质也是畲族人民爱竹的重要原因。传说畲族始祖盘瓠勇敢善战，功绩盖世，被畲族人民称为忠勇王。“忠”“勇”二字在畲族人民的心灵深处有着永恒的文化魅力，并且成为畲族民族性格的基本因子。“孤生崖谷间，有此凌云气”。在中华传统文化中，竹子由于外形特征、生长规律等使其被赋予了正直、高尚、虚心、刚强、忠贞的人格理想。竹子这些美好的品质与畲族人民血脉里奔流的“战神”精神形成呼应，极大鼓舞了畲族人民为了美好生活坚贞勇敢、勤劳务实、自强不息。

第二节　畲族的竹器制作传统

畲族的民间竹编工艺，历史相当悠久且世代流传，是畲族重要的传统手工技艺。其扎根于畲族人民的日常生活之中，体现了畲族独特的民族风情，是千百年来畲族劳动人民智慧的结晶。竹编容器主要分为搬运类、储存类、盛置类、渔捞类，具有简单实用、轻巧方便、便于维修、容易清洗、不易变形的特点，体现出较高的工艺技能和朴素的美感。

畲族在编制器具时，用篾刀等工具将竹子劈成所需要的各种厚度、各种宽度的篾，或者将竹子剖削成粗细均匀的篾丝，再经过丝、刮纹、打光、劈细、编织、着色、涂油等工序，编织出屏风、挂联、枕头、竹席等竹编手工艺品。畲族主要采取的编织方法有十字编、人字编、圆面编、六眼编、穿丝编、龟背编、翻转弹编、穿插等。畲族人民心思巧妙，会根据使用场合的不同而采用不同宽窄粗细的竹篾和不同的编织方法，其编织的纹理既能形成视觉上的美感，又能对物体起到稳固的作用，体现了竹编技术和艺术的统一。

竹编中堪称畲族一绝的是斗笠。斗笠是畲族人民生产生活用品，平常用来挡雨和遮阳，但经加工后又成为工艺品，称为花斗笠。花斗笠曾是畲族姑娘出嫁的必备陪嫁品之一。相传，畲族的祖先盘瓠帮助高辛帝平息外患，高辛帝感念其功劳，就把三公主许配给他。出嫁当天，三公主身穿凤凰装，头戴凤凰冠，寓意像凤凰一样带来祥瑞。后人便用花斗笠来体现三公主的凤凰冠，以此来纪念她。花斗笠直径40多厘米，由上下两层竹篾编合而成。竹篾细若发丝，厚薄均匀，色彩多样。仅上层的竹篾就有200根左右。外观斗笠，上方有斗笠燕、顶、四格、三屋檐、云头、燕嘴、虎牙、斗笠星等多种不同的花色图案。内看斗笠，花色图案和外层相似，另外配上了色彩艳丽的各色珠子和红、黄等色彩的绸带等装饰品，把斗笠点缀得典雅高贵。在编织过程中还使用了畲村特有的桐油等防漏工艺，既精致轻巧又滴水不漏。

第三节　竹与畲族的居住饮食

畲族“诛茅为瓦，编竹为篱，伐荻为户牖”，聚族而居，物质生活尤为简朴。畲族一般住茅草房和木结构瓦房，与当地汉族的房屋结构大致相同。在心灵手巧的畲族人民手里，竹子被制作成各种美观实用的器具，包括屏风、椅子、摇篮、竹枕、竹席、筷子、水杯、坐垫、帘子、置物架等家居用品，为生活提供了便利。夏日，畲族人民劳作后会在树、竹的绿荫里避暑，晚上借着清凉舒适的竹枕、竹席安心入睡。而冬天山区气候极其寒冷，畲族人民家庭里必备着火笼、火塘等取暖工具。火笼的外部是用竹篾编织的花篮状笼框，内部为泥土烧制的盆状容器，使用时添加炭火，有烤火、烘干衣服等作用。而火塘是通过室内地上挖小坑、四周垒上砖石形成的，用于生火取暖、做饭。

畲族的主食主要是番薯、大米、糯米等，从明代开始，畲族就已利用山间旱地广种番薯。畲谣说“番薯丝吃到老”，可见番薯在畲族饮食中的重要性。20世纪50年代前，畲族人民还食用自家耕种的旱稻。这种被称为“畲禾”的旱稻“种于山，不水而熟”，但产量极低。后来随着农业技术的发展，水稻产量大大提高，大米才成为畲族人民的主粮。传统的稻谷加工方法有两种：一是舂米，用棒槌砸谷子，把米糠砸掉。二是用土砻，效率高些，但米质比较粗糙。现在一些畲族人民家里还存有土砻，这是一种长期以来南方水稻地区传统的粮食加工工具。因粮田少，通常是每五六户农家合打一台砻。一台新砻的主要骨架可以用上十几年，砻视砻谷量进行翻新修理。

火笼

畲族大都喜食热菜，一般家家都备有火

锅，以便边煮边吃。除常见蔬菜外，豆腐也经常食用，农家招待客人最常见的佳肴是“豆腐酿”。肉食最多的是猪肉，一般多用来炒菜。竹笋是畲家四季常食用的蔬菜。竹笋除鲜吃外，还可制作干笋长期保存。

饮茶是畲族家庭日常必不可少的，大部分以自产的烘青茶为主。畲族的酒多以白酒和自家酿制的糯米酒为主，浙江省丽水市的景宁山区还有一种绿曲酒。畲族家庭里多有用竹子制成的杯子，用于饮酒饮茶。

第四节　竹与畲族的生产方式

自古道，靠山吃山，靠水吃水。在山区生活的畲族，以农业生产为主、狩猎经济为辅。

早期，畲族先民的农业生产主要是“耕火田”，即“刀耕火种”，所耕之地多属于缺乏水源的旱地。除种水稻外，还种植茶树、甘蔗、苎麻等经济作物。使用的生产工具与当地汉族相似，有镰刀、锄头、犁、斧、扁担等。

畲族擅狩猎，既有个人单独进行，也有集体行动。畲民出门行猎时，要拜猎神为田公元帅或为畲族始祖。集体狩猎时需要协同行动，即3～5人一帮、7～8人一组，事前做好分工。到达狩猎地点，有的随带猎犬搜山，有的守候在野兽必经之路，伺机身击。行猎方式有土铳射杀、弩杀猛兽、竹枪杀兽、竹吊拴兽、木笼框兽、陷阱困兽、累刀刮兽等。其中，竹枪是将竹子一端削尖或接上金属枪头所制成的简易枪器；竹吊是将绳套子与杆干末端相连，并由吊钩与地上的固定状相连，猎到动物时，借动物挣扎的力量，使吊钩脱离固定桩，杠杆能悬吊起来，避免动物扭断绳子逃跑。

畲族也把渔猎作为必要的生产方式，会相应地制作应手的劳动工具。畲族人的捕鱼用具大多用竹篾编织而成，主要的捕鱼用具有鱼篓、虾篓、泥鳅篓、鱼笼、鱼抄、围篓、鱼缸、渔网等。

鱼篓主要用于盛装鱼类，是畲族渔民捕鱼时的必备工具，用竹篾制成，口部为圆口短颈斜肩呈喇叭状。口部内部带有类似漏斗的锥形内圆套，漏斗的尖部可以避免鱼类入篓后从入口跳出，篓身呈扁平方形。口部运用交织法编织而成，以“八”字形编边法修边，器身则运用十字编法编成，篓身底部附加有两个交叉细竹棒以固定，使鱼篓放置于地面能够稳固站立。

虾篓是畲族渔民到溪、河中捕抓虾的常用工具，有大小两个类型。大虾篓分为内外两层，先用劈好的竹篾编好篓外框，再编织小于篓外框的篓置于其中。篓身整体呈圆柱形，高40厘米，篓口直径为16厘米，篓内部带有往内延伸的竹篾（倒须），呈倒锥形，虾篓底部用竹篾编成的镂空六边形呈穹顶状，以防虾从篓中爬出。篓外框下端设一提手，便于把装在篓中的虾翻倒出来。小虾篓长11厘米，宽9厘米，高20厘米，小巧便携。

泥鳅篓是用来盛装捕获来的泥鳅，用竹篾编织而成，制作工艺和鱼篓相似，形体大小各异。夏季，畲族会在水稻田里捕抓泥鳅。

鱼笼是畲族渔民诱捕和装养鱼虾的器具，用竹篾和竹丝通过透孔六角编和十字编两种编法相结合编制而成。它的外形是呈扁平的圆柱形。捕鱼时，畲族渔民会在清晨把诱饵放入鱼笼，然后将其固定放置在溪流的岩缝中，傍晚或隔天再去取即有鱼虾在内。这种捕鱼方法工作量较小，又能获得一定的收成。

鱼抄，也叫手网，是用苎麻绳织成网兜，采用透孔方眼编织，由厚竹片与铁柄衔接而成，网则夹在竹片之中，有柄可用手握住。常与围篱配合使用，将围篱拦截到的鱼虾捞起，也可在养鱼的池、缸或桶中捞鱼用。围篱也是由竹篾编织而成，畲族渔民常在溪流浅水处，用围篱拦截鱼虾，然后再用鱼抄将猎物捞起。捕到的鱼吃不完时，畲族渔民会把鱼儿放置在家里的鱼缸里。

第五节　竹与畲族服饰

独特的服饰是一个民族符号和象征，流淌着最原汁原味的民族风情。畲族的传统服饰斑斓绚丽，绘制的服饰图案通常是来源于日常生活的物象，如飞禽走兽、花鸟虫鱼、农舍车马等，纹样花团锦簇、生机勃勃、溢彩流光。以刺绣工艺为主要特征的畲族女性衣裙，既是令人称羡的服饰艺术，又是引人注目的一大民族标志。畲族刺绣的最大特色在于，完全采用手工平绣（细绣），针法以工整的齐针（平针）为主，掺和抢针、套针、扭针、抠针、参针、长短针等，线条细密、绣面细致入微，纤毫毕现，富有质感，针脚平齐，坚牢耐磨，往往是衣服已破旧而上面的绣品尚完好。同时，无论是专业艺人还是普通妇女，畲族刺绣时不描画图稿，直接刺绣运针，每每以假托、转喻、谐音等手法，绣出一定寓意的画面。竹子寓意美好，也常作为畲族刺绣里的重要图案出现。

畲族服装

“家家新样草珠轻，璎珞妆来别有情。不惯世人施粉黛，明眸皓齿任天生。”这是一首夸赞畲族女子光彩照人的诗句。畲族少女喜用红色绒线与头发缠在一起，编成一条长辫子，盘在头上。已婚妇女一般都头戴凤冠，即用一根细小精制的竹管，外包红布帕，下悬一条一尺长、一寸宽的红绫。老、中、青不同年龄的妇女，发间分别环束黑色、蓝色或红色绒线。冠上饰有一块圆银牌，牌上悬着三块小银牌，垂在额前。冠上还插有一根银簪，再佩戴上银项圈、银链、银手镯和耳环，显得格外艳丽夺目。

第六节　竹与畲族的文娱体育

畲族酷爱体育活动，“稳凳”“抄杠”“腹顶棍”“打尺寸”“盘柴槌”“骑海马”“畲族武术”“竹林竞技”等都是畲族民间流传的别具一格的体育运动形式。其中，“竹林竞技”是畲族人民因地制宜，利用山寨竹林的优势开展的竞技体育活动，包括爬竹竿、弓箭射击、竹秋千等。

竹竿舞是畲族同胞庆祝节日的一种独特方式，俗称打竹舞。竹竿舞共有4根竹竿（也有10根竹竿），2根直放，2根横放。4人分成两排，两人一排。一人手拿2根竹竿，与对方相对操作。跳舞时，竹竿先上下打打，再两竿对打。当音乐鼓点响起时，竹竿一开一合地来回打着，跳舞的人随着音乐节奏，脚有序地跳在张开的竹竿空洞里。当一对舞者灵巧地跳出竹竿时，持竿者会高声地呼喝出“嘿！呵嘿！”场合极其豪迈洒脱，气氛热烈。如果跳舞者不熟练或胆怯，就会被竹竿夹住脚或打到头，持竿者便会用竹竿抬起被夹到的人往外一倒，并群起而嬉笑之。相反，善于跳竹竿舞的小伙子在这时往往因为机灵敏捷、应变自如而博得姑娘们的青睐。现在还有一些学校充分挖掘畲族文化资源，选择取材方便、便于管理、简单安全的竹竿舞作为主打的畲族传统体育项目之一，以增进学生对畲族文化的了解，丰富校园体育文化生活。

普普通通的竹子，在畲族人手中还能像变魔术般地做成各种各样的竹玩具，给孩子带来无数欢乐。用竹子等材料制作的简易秋千、跷跷板、滑梯、推车、竹筒风车、抽水枪等玩具，精巧有趣，安全环保。在春笋旺发时，有些畲族的家长会叫孩子们到家宅附近的竹园中，各选一株笋，作为孩子的象征，看谁长得快、长得高。每当孩子们在竹林中嬉耍时，往往会勾着小指头，绕着春笋边跳边唱："笋崽笋崽快快长，你长我长大家长，一直长到蓝天上。"

CHAPTER 8

第八章 人间有味是清欢

——潮州竹食品和竹医药

第一节　潮州食笋之风

一、中国人食笋历史

中国辞书之祖《尔雅》曰："笋，竹萌也。"许慎《说文解字》云："笋，竹胎也。"我国以笋入馔历史悠久，遥可追溯3000年以上。《周礼·天官·醢人》有"加豆之实，笋菹鱼醢"的记载，"笋菹"就是用菹法加工制成的竹笋食品。以上这些食笋的记载，足以说明我国先民很早就懂得采食竹笋。

关于竹笋适宜何时栽种和采伐，以及如何食用，古人早有先见之明。《诗义疏》曰："笋皆四月生。唯巴竹笋，八月生，尽九月，成都有之。簻，冬夏生，始数寸，可煮，以苦酒浸之，可就酒及食。又可米藏及干，以待冬月也。"晋戴凯之《竹谱》记："棘竹笋，味淡，落人鬓发。……鸡颈竹笋，肥美。簻竹笋，冬生者也。"北魏农学家贾思勰《齐民要术·种竹》载："二月，食淡竹笋，四月、五月，食苦竹笋。蒸、煮、炰、酢，任人所好。"

在王莹注《东京梦华录译注》这本书中，饮食各项，遍布"竹"迹。以下是部分摘录。卷二《州桥夜市》："出朱雀门，直至龙津桥……各种饮食，其中就有'笋'。"这是说当时在朱雀门有一条街通往龙津桥，从桥往南走就有夜市一条街，有各种饮食可卖，笋也有。卷二《饮食果子》："海鲜时果、旋切莴苣、生菜、西京笋。"卷八《端午》："家家铺陈于门首，与粽子、五色水团、茶酒供养；又钉艾于门上，士遮递相宴赏。"粽子乃箬叶所包裹。宋人也沿袭了楚人"贮米于竹筒"流于江中的传统。当然，端午吃粽子作为一种民俗更多出于纪念自家的先祖以及节庆娱乐，而非祭祀屈原。卷八《是月巷陌杂卖》写道：农历六月份市面上的货物纷繁，"巷陌路口，桥门市井，皆卖大小米水饭、炙肉、乾脯、莴苣、笋”。

历来文人墨客多有以诗咏笋，最有名的是北宋诗人苏轼对笋竹的偏爱，其诗云：“宁可食无肉，不可居无竹。无肉使人瘦，无竹令人俗……”唐代《食笋诗》曾以“稚子脱锦绷，骈头玉香滑”的句子，描写竹笋的形状和美味。唐代诗圣杜甫曾写过“青青竹笋迎船出，白白江鱼入馔来”的诗句，道出他对竹笋风味的喜爱。南宋著名诗人陆游曾在江西品尝过“猫头笋”，念念不忘珍品美味，写下了“色如玉版猫头笋，味抵驼峰牛尾狸”的诗句。清代郑板桥则言“江南竹笋赶鲥鱼，烂煮春风三月初”。近代书画大师吴昌硕，出于对家乡竹笋的念念不忘，宴席间吟出“家中常有八珍尝，哪及山间野笋香”的佳句。

以《笋谱》和《山家清供》为代表的食笋文化中，对竹笋制作、储存和药用价值等笋饮食都有较为全面的阐释。

《笋谱》，顾名思义乃关乎竹笋谱类的著述，是迄今为止所知的中国最早的一部竹笋专书。作者是北宋僧人赞宁，俗姓高，浙江德清人。他是中国佛教史上具有重要影响的佛教史学家，也是一位博物学家。《笋谱》全书一卷，约1万字。记载了当时全国各地所产98种笋的名称、形态特征、生长特性、产地、出笋时间、补益及调治、加工保藏方法等，有一定的参考价值。

《笋谱》对如何种竹总结了前人的经验。譬如，“谚曰‘东家种竹，西家理地’，谓‘其滋蔓而来生也’。其居东北隅者，老竹也。老种不生，生亦不滋茂矣。宜用稻麦糠粪之，不可饶沃植之。开坑深二尺许，覆土，厚五寸。除瓦石，软柔之土为嘉。大抵，竹八月，俗谓之‘小春’。热欲去，寒欲来，气至而凉，故曰‘小春往往木有花，草有荂，竹得是气也’。根伸而达，亦谓为‘鞭行’。鞭头为笋，俗谓之‘伪笋’”。讲了选种、培土、挖坑、挑时等种竹需要注意的事项，这些记载为种笋提供了理论依据。

《笋谱》对食用方法也加以细致说明：“凡食笋之要，譬若治药，修炼得门，则益人，反是则损。”此处提醒人们要注意观察身体是否适合食笋，以及哪些笋适合食用。“验知笋不可生，生必损人，苦笋最宜久。甘笋出汤后，去壳，澄，煮笋汁为羹茹，味全，加美。然后始可与语为食笋者矣。此外不足算也。”这是如何把笋煮得美味的良方。

《笋谱》介绍了保存笋的方法，其中有：“菹法、鲊法、《藏法食经》法、生藏法、干法、脯法、会稽箭笋干法、结笋干法等。”生活并非时时都风调雨顺，知晓了如何保存笋将有利于人们抵抗灾荒之年。综上，貌似列举很多，但仍旧是大略而谈，并不能涵盖《笋谱》作为一本类书所具有的专业度和广泛性，尤其是它对增加人们更多地了解竹笋，以及丰富人们的美食文化所产生的作用。

《山家清供》作者林洪，南宋中后期闽地晋江人（今福建石狮人），宋绍兴年间（1137—1162）进士。山家清供，顾名思义就是指山野人家待客时所用的清淡田蔬。林洪不仅撰写过食谱，还记述过旨在赏析各类清雅玩物的《山家清事》，其中也与竹有关，譬如“种竹”。

《山家清供》一书中所载各种食谱，其中多为家常食物，材料易得，制作技艺却各不相同。与竹有关者约9种，依次记来。上卷“傍林鲜”：“夏初，林笋盛时，扫叶就竹边煨熟，其味甚鲜，名曰‘傍林鲜’。”夏初竹子茂盛的时候，把竹叶聚拢烧起来，笋煨熟，味道特别鲜美，取名“傍林鲜”。上卷“煿金煮玉”：“取鲜嫩者，以料物和薄面，拖油煎，煿如黄金色，甘脆可爱。以笋切作方片，和白米煮粥，佳甚。”取鲜润的竹笋，用调味品和面糊拖油煎，炸成金黄色，脆爽可口。或者笋和白米一起煮粥，味道很好。此处另引南宋高僧济颠《笋疏》“拖油盘内煿黄金，和米铛中煮白玉”之诗句，此诗两种做笋的方法都有提到。上卷“山海兜”：“春采笋、蕨之嫩者，以汤瀹过。取鱼虾之鲜者，同切作块子。用汤泡，暴蒸熟，入酱、油、盐，研胡椒，同绿豆粉皮拌匀，加滴醋。今后苑多进此，名‘虾鱼笋蕨兜’。”不论“山海兜”抑或“虾鱼笋蕨兜”，味美自不待言。想来是以上提及的几种鲜食混合一起，最后入味拌匀，有些像鲜食杂拌。

上卷“玉带羹”是一种用莼菜和竹笋做的羹。下卷“山家三脆”：“嫩笋、小簟、枸杞头，入盐汤焯熟，同香熟油、胡椒、盐各少许，酱油、滴醋拌食。”赵竹溪酷爱这种吃法。另或做汤饼，名“三脆面”，类似于今日的鲜笋浇头面。下卷“笋蕨馄饨”：“采笋、蕨嫩者，各用汤焯。以酱油、香料、油和匀，作馄饨供。”此种做法与今日的馄饨没有区别，只要馅一样，即可。下卷“酒煮玉蕈”：“或佐以临漳绿竹笋，尤佳。”用酒煮菌菇，若配上临漳（今河北邯郸市辖）产的绿竹笋，味道尤其好。下卷“银丝羹”：“将熟笋丝和绿豆粉，以及藕弄成极小块后，用梅子汁和胭脂染色后同煮。”以及下卷“胜肉”，用笋、蕈、松子、胡桃，和以油、酱、香料，和在一起做成面盒子样，类似于鲜笋菌菇馅饼。

二、潮州食笋之风

竹笋因味道鲜美，被誉为“素菜第一品”。笋既可制成各式各样的精致菜肴招待宾客，也可为日常饮食添制家常菜式以飨家人。竹笋的脂肪和淀粉含量很少，低脂、低热又味美，是非常好的瘦身菜品；其不仅极大地丰富了人们的饮食内容，还有药用价值，为时人饮食健康提供了保障。

潮州人在饮食生活上有注重延年益寿的传统。凡能延年益寿的食物，人们都千方百计地寻取，长期食用。潮州是竹子的盛产地，竹子种类多。竹笋乃上等佳肴，自然备受青睐。有史以来，各种各样鲜嫩甜美的竹笋，成为潮州人餐桌上的珍馐美味。竹笋也成为精美的潮州菜的标志性食品之一。潮州人酷爱食笋，世代传承，经久不衰。

当下一谈到潮州食笋，人们就不免要提起江东竹笋。潮安区江东镇的江东竹笋是潮州最出名的土特产之一，每年到江东镇食笋的人们络绎不绝，江东竹笋已成为一个闪亮的名片。

江东镇地处韩江下游，四面环水，素有“江上绿洲”之美称。这里的土地是韩江的泥沙冲积而成的，土壤疏松，富含多种矿物成分，这种沙质土特别适合竹子的生长，出产的竹笋肉质细嫩、松脆爽口、清香鲜美，一直以来都被人们视为珍品。江东镇蓬洞村是江东竹笋的主产区，主要出产麻竹笋。每年3—11月都有江东竹笋出产，而端午节前后是食笋的最好时节。

江东笋园或种笋人家通常三更半夜就起来挖笋。挖好满满一车笋后，通常就乘着夜色赶往当地蔬菜批发市场。天亮之后，滞销的竹笋切成笋丝，用于包笋饺或做笋包用。一部分竹笋则制成笋干，成为潮菜别具风味的食材。竹笋的挑选很有讲究，买竹笋时要挑外壳比较黄的，肉质要白且多汁。

江东全笋宴的菜色有焖笋块（用全笋里最好的部位做）、炒笋丝、炒笋衣、竹笋煲鱼头、椒盐竹笋、凉拌笋丝、冰笋、笋汁、笋饭、笋炒粿条、笋粿、笋烙等，另外还有江东特色的菜仔酸（由萝

江东景色

笋园

刚采摘的竹笋

卜叶腌制而成，酸爽消食）以及其他潮州小吃。目前，江东镇有林礼顺竹笋店、长辫竹笋店、老表竹笋店、松河竹笋店等大大小小30多家笋店。2019年5月，潮安区举办“乡村特色”文化旅游美食节暨江东竹笋文化节系列活动，15家竹笋店参加并将助力乡村振兴的“小尖兵”精心制作成各种特色的美味佳肴，供四方游客品鉴。

焖笋块

此外，饶平坪溪一带出产的苗儿竹笋也很有名。坪溪苗儿竹笋清甜爽脆，十分可口。尚未长出地面的苗儿竹笋，笋壳呈淡黄色，这种笋较嫩，而长出地面的笋则呈淡绿色，品质较前者要打些折扣。作为野生竹笋，苗儿竹笋是一种非常好的食品，含有丰富的纤维素、蛋白质、胡萝卜素、维生素等，有一定的消脂减肥、预防高血压等功效。

而在食用方法上，可直接清炒或煮汤喝。挖回来的竹笋先剥掉壳，用清水冲一下，然后切成小块，搭配猪骨、咸菜来煮汤，或加入猪鸭肉片、咸菜爆炒。而在红花树村，村民习惯将苗儿竹笋搭配猪蹄煮汤，竹笋吸收了肉香味，味道非常鲜美，而猪蹄则肥而不腻。稚嫩的苗儿竹笋，清甜爽脆，肉质细腻，让人吃后回味无穷。苗儿竹笋还可以制作笋干或腌笋，各有风味。

炒笋丝

笋粿

笋炒粿条

炒笋衣

笋烙

三、食笋之风的文化意蕴

首先，食笋之风的形成与竹类资源的丰饶密不可分。潮州盛产竹子，拥有丰富竹资源的自然环境，人们世世代代生活在被竹子包围的环境中，食笋之风得以不断传承、发展。

其次，农耕文明推动了食笋之风的久盛不衰。农耕文明起源于远古年代，农业社会始终是中国传统社会形态。在这种社会形态下，个体小农是基本的生产单元和消费单元，生产和消费都在一个小农家庭内完成。对广大的小农家庭来说，其食物只有在自己生存的一个极有限的地域范围内寻求到，因此不得不精心寻觅自己土地上生产的食物以外的各种可食的资源，以补充生计。满山遍野的可食的竹笋，当然成为人们采撷的目标。古代文献中有将竹笋视为“渡荒”食物者，如《农政全书》就将竹笋归入“荒政”条记述，是有其深刻根源的。随着商品经济的发展，部分小农还将竹笋拿到市场上出售，这就有力地促进了食笋阶层的扩大。

再次，食笋之风的长盛不衰与潮州人的饮食方式和传统文化的某些特质有密切关系。潮州人饮食文化本身就具备包容、吸纳竹笋的机制。潮州菜特别注重色、香、味，潮州人认为色彩鲜明、和谐的菜肴可以刺激食欲，清香扑鼻的食物亦可增强食欲。竹笋制作的菜肴色泽明快（鲜笋洁白，笋丝金黄），味道鲜美，脆嫩爽口，很适合大多数人的口味。品鉴竹笋，不吝为一种很好的味觉享受。如果竹笋和肉煮在一起，会使肉味更加香浓。食笋之风的盛行，除了竹笋色、香、味俱全外，还在于竹笋的纤维组织很适合讲究口感的潮人。

潮州人在饮食生活上素有崇尚节俭的风气，这在一定程度上推动了食笋之风的盛行。有一种观念为“肉食者鄙”，从来就鄙视那些沉醉于酒池肉林、饱食终日、昏聩无能的庸僚，并视节俭为一种美德。不少人还深受道家思想的熏陶，追求一种恬淡自适的生活，对锦衣肉食表现出一种固有的排斥心理。竹笋是一种嫩茎类蔬菜，除了少部分人工种植外，绝大多数是野生的，因此古人常将它归入山肴野蔌的范围，“笋蕨”并称。前引梅尧臣“山蔬采笋蕨”即谓此。如是，竹笋便成为标志恬淡生活的一个因子，备受潮人推崇。

食笋之风的盛行与佛教、道教不无联系。素食多种多样，但竹笋无疑是其中很重要的一种。住在深山幽谷的寺院中的出家人，寺院周围多有大片竹林，竹笋的获取是比较容易的，这就使竹笋成为寺院僧侣经常的和大宗的食物。长期的食用生涯中，他们发现竹笋实为食中佳品，故长食不断，甚至到了“只将笋为命”的程度。第一部竹笋专著《笋谱》诞生于一位僧人之手，正有力地说明了食笋之风与佛教的内在联系。道教有“茹荤饮酒，不顾道体者”之规定，吃素而忌荤，道观亦如寺院多在山中，而且道家认为竹笋是“日华之胎”，因此道士亦视竹笋为重要素食而广泛食用。

综上所述，食笋之风乃是一种意蕴丰富的文化现象，它既体现着潮州人特有的饮食方式和饮食心理，又折射出传统文化的许多亮点。

四、竹笋加工及烹饪技术

对竹笋的加工大致可分为两大类，一类是加工成笋丝，另一类是加工成笋干。

唐代称笋丝为“羹”。《膳夫录》中就载：“食次有笋笴羹法。”宋代，笋丝加工贮藏技术跃到一个新台阶，笋丝加工技术趋于多样化。未经煮制的笋丝称“笋笴”，赞宁《笋谱》载：闽地人取竹笋，“细切，盐渍少，以浆水渍，再宿，沥干，瓶藏，泥封，谓之笋笴”。又载：笋丝不仅闽地加工，南方各地均有加工，“此久浅法，盐出水后，加盐、糯米粥，藏，可以过暑月，到无笋时食。暴藏，或盐酢而已，如蒲菹”。这种方法是古法的延续，故赞宁直称此法为“菹法”。这一时期出现的盐水煮制法，是笋丝加工技术提高的一个标志。

《笋谱》所载此法是：先将竹笋切成丝，“用盐汤煮之，停冷，入瓶，用前冷盐汤同，封瓶口令密后，沉于井底，至九月井水暖，早取出，如生”。还有一种是将笋丝加工成酱菜，赞宁称之为“酢法”。“酢法，煮，用盐、米粥藏之，加以椒辛物，或炒熟油藏为醢，食极美矣。”古人称蒜、姜、花椒等为椒辛物。无论是食盐直接腌制法、盐水煮制法，还是“酢法”，均采用了密闭窖藏技术，让盛笋丝的瓶（缸）子放于阴暗冷湿之处（如水井），严加封闭，这样笋丝便能长久保藏而其味鲜如初。因此，即使无笋时节也能吃到味道鲜美的笋丝。如梅尧臣《依韵和永叔子履冬夕小斋联句见寄》一诗中“险辞斗尖奇，冻地抽笋筒”，就反映了严冬食笋丝的情境。

明清时期，笋丝需求量增大，窖藏法因加工量有限而逐渐被曝晒法取代，即盐煮的笋丝滤去苦水后，不是藏于瓶罐中，而是摊到席垫上，放于阳光下曝晒至干。明代名噪一时的酸笋乃精心加工而成的笋丝。明人顾蚧《海槎余录》载：“酸笋大如臂，摘至，用沸汤泡出苦水，投冷井水中浸，二三日取出，缕如丝，醋煮可食。好事者携入中州，成罕物。京师勋戚家会酸笋汤，即此物也。”可见酸笋的制作不是先将竹笋切丝再煮，而是先煮出苦水，在冷井水中浸泡后，再切成丝。“菹法”仍沿用，只不过加工技术更为精致。明人王象晋《群芳谱》就详载了“苦笋紫菜菹法”：“笋去皮三寸，断之，细缕切之，小者手捉，大头刀削，大头唯细薄，置水中，削讫，漉出细切。紫菜和之，与盐醋乳用半奠紫菜，冷水浸，少久自解。但洗时勿用汤，汤洗则失味矣。”清代笋丝加工技术沿袭前代而有创新，如以青豆煮制的笋丝味道甚佳，清人朱彝尊《食宪鸿秘》载此法：“鲜笋切细条，同大青豆加盐水煮熟，取出晒干。天阴，炭火烘。再用嫩笋皮煮汤，略加盐，滤净，将豆浸一宿，再晒，日晒，夜浸多次，多收。笋味为佳。”

笋干又称笋脯，加工方法也是多种多样的。据《笋谱》记载，主要有以下几种：一种是竹笋不经煮制，而是“去尖锐头，中折之，多盐渍，停久，曝干。用时久浸，易水渍，作羹如新笋也”，即将鲜竹笋削去笋尖，从中折断，用盐腌制，滤出苦水，在阳光下曝晒至干。这种方法加工的笋干能保持本味，赞宁称之为“干法”或“结笋干法”。第二种是将笋干煮熟后，将碎的姜和醋腌之，用微火将其焙干后，藏于罐中，罐口封，使空气无法进入。赞宁称之为“脯法”，类似今天制作果脯的方法。第三种是将竹笋蒸制后，加盐、醋，于微火下焙干。这种方法在会稽一带很盛行，制作的箭笋干“味全”，为“美”，故赞宁专称此法为“会稽箭笋干法”。第四种是竹笋熟煮后，放入石灰水中浸泡，再经漂洗、压榨、烘烤而成笋干。如浙江缙云县以南盛产笠笋，但味苦，当地人就“采剥，以灰汁熟煮之，都为金色，然后可食。苦味减而甘，食甚佳也”；慈竹笋“江南人多以灰煮食之”。从上述记载可以看到，宋代竹笋加工技术已较完备。由于加工技术的提高，笋干产量增加，大批量地进入饮食领域，提高了其在饮食领域中的重要性。尤其在南方，人们对上等笋干是常食不厌的，因此在文人学士的诗文中，常将笋干与稻鱼连在一起加以颂扬。如虞集《奉别阿鲁灰东泉学士游瓯越》诗中有“笋脯尝红稻”之句；吉雅谟下《游定水寺寄杜舜臣》诗中有“红稻供炊笋脯香”的吟咏。

明清时期，笋干（脯）的加工技术更为精致。明人高濂《遵生八笺》中就记载了笋鲊和笋干的制作方法。笋鲊的制作方法是：“春间取嫩笋，剥净，去老头，切作四分大、一寸长块，上笼蒸熟，以布包裹，榨作极干，投于器中，下油用。制造与麸鲊同。”制造“麸鲊”是用麦麸皮加盐和其他作料。笋干因是曝晒而成，故高濂称之为“鲜笋猫儿头，不拘多少，去皮，切片条，沸汤焯过，晒干收贮。”这段记载中最值得注意的是“焯”字。焯，是放入开水里略微一煮就拿起来之意。说明明代煮笋已能准确地掌握火候，以免“烂锅”。明人戴羲《养余月令》的记载最为详细：“笋干，每笋一百斤，同盐五升，水一小桶，调盐渍半晌，取出扭干。以原卤澄清，煮笋令熟，捞出压之，晒干。临用时，以水浸软，就以浸笋水煮之。”《金瓶梅词话》中记述了储存、加工食品的多种方法和品种，其中糟有“糟笋”，干腊有“糟笋干”。清代笋干加工技术又向前跨进一大步。清前期朱彝尊在《食宪鸿秘》中就介绍了不同方法加工而成的笋干。用炭火熏烤而成的笋干，称为“煮笋”；无须煮，用盐直接腌后晒干者，称为“生笋干”；用未加盐的开水略微一煮（即焯）就捞起晒干者，称为“淡生脯”；用盐汤煮制晒干者则称“盐笋”；用笼蒸熟，加入花椒、盐、香料拌和，晒干后装入罐中，再在罐中加熟香油窖藏而成者称为“笋鲊”。还有一种“糟笋”，其制法是：“冬笋勿去皮，勿见水，布擦净毛及土（或用刷牙细刷），用箸笋内嫩节，令透入腾香糟于内，再以糟团笋外，如糟鹅蛋法。大头向上，入坛，封口泥头，入夏用之。”这种方法酷似今日皮蛋的制作方法。该书还记载了用酒糟腌制笋干的新方法：“诸咸淡干笋，或须泡煮，或否，总以酒酿糟之，味佳。”

由此可见，古代竹笋加工技术自成体系，精湛而完备。古人不仅熟练地掌握了竹笋的窖藏、曝晒、蒸制、煮制、糟腌、焙烤、漂色等技术，而且还充分利用了各种作料（如姜、醋、蒜、花椒等）的搭配和调和，制作出味佳色鲜的各种笋制品。笋制品品质细嫩，味鲜甜脆，为竹笋烹饪技术的发展奠定了坚实基础。

在悠远漫长的食笋历史中，形成了一套完善而精细的竹笋烹饪技艺。然而，竹笋烹饪技术却散见于浩如烟海的各种文献典籍之中，要从中勾勒出一条明晰的线条，实非笔者能力之所及。现仅就手中十分有限的资料略加陈论，以企窥见竹笋烹饪技术的一鳞半爪。

竹笋烹饪技术多姿多彩，有烤（烧）、煨（炖、炰）、羹（熬）、蒸、炸（炮）、焯、炒、焙、煿（爆）、酢等多种，所谓“蒸、煮、炰、酢，任人所好”。

烤：用炭火烧烤而食。唐宋时期，有一道风味菜“林鲜”，就是用此法制成。林洪在《山家清供》中载：“夏初，竹笋盛时，扫叶就竹边煨熟，其味甚鲜，名曰‘傍林鲜’。”文中的“煨”应解释为用带火的灰烤竹笋，而不是用微火慢慢地煮。

煨：将竹笋放入土罐里，用微火慢慢地煮。林洪在《山家清供》中就记载了著名墨竹画家文与可为临川太守时，与家人一道煨笋而食的情境。

羹：将竹笋煮成糊状，名“笋羹”或“笋粥”。唐人王延彬在《春日寓感》一诗中有“自煮新抽竹笋羹”之句，说明当时已有羹法。宋代用羹法烹竹笋已十分普遍。赞宁《笋谱》记载：“谚曰：腊月煮笋羹。大人道：便是昔有新妇，……善承须不违，……舅姑无以取责。姑一日岁暮而索笋羹，妇答：‘即煮供上。’妯娌问之曰：‘今腊月中，何处求笋？’妇曰：‘且应为贵以顺，攘逆责耳，其实何处求笋！’姑闻而后悔，倍怜新妇。”从中可推知煮笋美乃是产笋时节（多为春夏之际）必不可少的饮食内容。《笋谱》同时还记述笋的调制方法：“甘笋出汤后，去壳，澄，煮笋汁为羹。”明代因袭此法。“荒政”引“吴兴掌故”载：“见山他作笋粥、幽尚可爱。”

蒸：将竹笋放入蒸笼里，加热，利用水蒸气使竹笋变熟。《笋谱》说：“蒸最美，味全。”朱彝尊在《食宪鸿秘》中亦认为，笋干宜用“笼蒸，不可煮，煮则无味”。

炸：将笋放到油锅里炸。《农政全书》载：（竹笋）焯过晒干，炸食尤好。

据枚乘《七发》记载，早在汉代，人们就用鲜嫩的竹笋、蒲菜与小牛肉相搭配，烹制出味道鲜美、油而不腻的佳肴。之后，调和技术逐步提高。《齐民要术》引《食经》载竹笋与粥调和的办法：“取笋肉五六寸者，按盐中一宿，出，拭盐令尽。煮糜一斗，分五升与一升盐相和。糜热，须令冷，内竹笋醎糜中一日。拭之，肉淡糜中，五日，可食也。”吴自牧《梦粱录》中收罗了南宋都城临安（杭州）各大饭馆的菜单，菜式共有335款，其中可凭字面断定为竹笋调和的菜肴有：笋鸡鹅、闲笋蒸鹅、羊蹄笋、麻菇丝笋燥子、抹肉笋签、笋焙鹌子。

值得一提的是，竹笋还是一种重要的上等辅料。许多菜肴中加入适量的竹笋，可使味道更为鲜美。《金瓶梅词话》第九十四回记“鸡尖汤”，“是雏鸡脯翅的尖儿，……用快刀碎切成丝，加上椒料、葱花、芫荽、酸笋、油酱之类，揭成清汤”。而今扬州名肴“鸡汤煮干丝”，是用鸡汤焖煮豆腐干丝，辅以鸡丝、笋丝、木耳丝、蛋皮丝、虾仁等制成，成色美观，鲜香可口。另外，“冬瓜五味锅”“鸭羹汤”等亦以竹笋为辅料。

第二节　竹的药用价值

竹子可做药引的部分主要分为竹叶、竹沥、竹实、竹茹、竹菌、竹根、竹笋、竹子花。

一、竹叶

《本草纲目》记载：“淡竹叶气味辛平，大寒，无毒。主治：心烦、尿赤、小便不利等。苦竹叶气味苦冷、无毒；主治口疮、目痛、失眠、中风等。药用竹叶以夏秋两季采摘嫩叶，晒干、煎水饮；用量2～4钱，竹叶还常用于作药粥。”据清代曹庭栋名医所编《老老恒言》记载：“竹叶解泻除烦，中暑者直用竹叶一握，山栀一枚，煎汤去渣下米煮粥，进一二杯即愈。”《多能鄙事·卷回》记载：“竹叶粥治老人膈上风热，目赤头痛，视而不见物。”研究表明，竹叶提取物有效成分包括黄酮、酚酮、蒽醌、内酯、多糖、氨基酸、微量元素等，具有优良的抗自由基、抗氧化、抗老、抗疲劳、降血脂、预防心脑血管疾病、保护肝脏、扩张毛细血管、疏通微循环、活化大脑、促进记忆、改善睡眠、抗癌症、美化肌肤等功效。据相关研究报道，在第二届国际天然抗氧化剂会议上，国内外多位学者报告了关于天然生物黄酮对抗癌药引起的骨髓毒性及免疫功能抑制的影响，对冠心病患者微循环、血小板功能的影响及心肌出血的改善。竹叶提取物有良好的工艺特性，易溶于热水和低浓度的酯，具有高度的水、热稳定性，加工适应性好，并且具有高度的抗氧化稳定性，在局部浓度大大超标时，也不会发生茶多酚样的促氧化作用。同时，竹叶提取物具有典型的竹叶清香，清爽怡人，微苦、微甜。竹叶提取物可广泛用于医药、食品、抗衰老产品及美容化妆品、饲料等领域。

二、竹沥

竹沥是竹竿劈开，经火炙，收集两端滴出的竹汁。《本草纲目》记载："竹沥气味甘、大寒、无毒。主治：暴中风风痹，胸中大热，止烦闷，消渴，劳复。"近代药物化学分析证明：竹沥含有10多种氨基酸、葡萄糖、果糖、蔗糖以及愈伤木酚，甲酚、甲酸、乙酸、苯甲酸等多种化学成分。药理试验证明，竹沥具有镇咳祛痰功效。

竹沥是竹子经加工后提取的汁液。它是一种无毒无副作用，集药、食两用的天然饮品，化痰止咳平喘。制法为取鲜竹竿，截成30~50厘米长，两端去节，劈开，架起中部用火烤之，两端即有液汁流出，以器盛之。青黄色或黄棕色液汁，透明，具焦香气。以色泽透明，无杂持者为佳。性味甘寒，能清心肺胃之火，有豁痰润燥、定惊之效。主要用于治中风痰迷，肺热痰壅，惊风，癫痫，壮热烦渴，子烦，破伤风。清热化痰：主治痰热咳嗽，痰黄黏稠；亦可用于痰热蒙蔽清窍；痰热中风，舌强偏瘫；小儿惊风，四肢抽搐，常配清热化痰、息风定惊药。

三、竹实

竹实，即竹子的果实。因某些品种果实细小，也称竹米。不同种类的竹子开花结果周期不同，有10年、50年、60年甚至120年的。竹开花后结实如麦，皮青色，内含竹米，味甜。《广志》记载："实可服食。"《本草纲目》："竹米，通神明，轻身益气。"《本草纲目拾遗》："下积如神。"（注：治消化不良）竹米颜质正如《太平广记》描载："其子粗，颜色红，其味尤馨香。"竹米营养价值和药用功效较高，味清香可口，富含淀粉和各种微量元素，既可食用又可入药。据分析，其含有18种蛋白质水解的氨基酸，含量比竹笋更高，更具有清热解毒之功效，可作清凉饮料或煲粥食用，还可治肝病和癌症，是难得的养胃护胃之佳品。

因竹米不易得到，所以在古代常被抹上一层神秘的色彩。传说中竹实是凤凰之食，古代有凤凰“非梧桐不栖，非竹实不食”之说。这正反映了古人对竹米这种神奇的食物可遇不可求的心理。

《太平广记》卷四一二“竹实”条引《玉堂闲话》载：“唐天复甲子岁，自陇而西，迨于褒梁之境，数千里内亢阳，民多流散，自冬经春，饥民啖食草木，至有骨肉相食者甚多。是年，忽山中竹无巨细，皆放花结子，饥民采之，舂米而食，珍于粳糯。其子粗，颜色红纤，与今粳不殊，其味更馨香。数州之民，皆挈累入山，就食之，至于溪山之内，居人如市。人力及者，竞置囤廪而贮之，家有羡粮者不少者。”这段记载是较完备的。中国人每每认为甲子必凶年，但竹米却拯救了他们。这样，竹米能救荒的观念便流传了下来。每逢灾荒年，总祈望竹子能结实，救己于水火中。以下清人王京的《竹米叹》便反映了这种心理：

己丑六月之中旬，传闻竹米粉千囷。
淫腾斗斛若米价，会须一疗饥虚人。
籍籍争看盈把握，长腰细粒如槌削。
云本径寸垂琅环，黑黍黄粱杂相错。
亦用碓舂去翳肤，软滑和秫高粳余。
撑肠拄腹不充饱，蒸浮徒说供朝铺。
曾闻益州不足异，江浙征荒众惊悸。
一年大旱苗稼枯，一年大涝少晴霁。
今年正复心皇皇，鸠形鹄面儿扶娘。
讹言竹米是荒兆，愁声怨气群傍徨。
那能乞取安心方，吁嗟乎，那能乞取安心方。

四、竹茹

竹茹是竹茎刮去绿色皮层后，再刮取第二层之物，亦称“竹二青”，是禾本科植物青秆竹、大头典竹或淡竹的茎秆的干燥中间层。全年均可采制，取新鲜茎，除去外皮，将稍带绿色的中间层刮成丝条，或削成薄片，捆扎成束，阴干。前者称“散竹茹”，后者称“竹茹”。性微寒，味甘。《本草纲目》记载：“淡竹茹，气味甘、微寒、无毒。功能主治：清热化痰，除烦止呕。用于痰热咳嗽、胆火挟痰、烦热呕吐、惊悸失眠、中风痰迷、舌强不语、胃热呕吐、妊娠恶阻、胎动不安。”

五、竹菌

指生于竹林中的菌类，如竹荪是生于竹林地上的一种真菌。生于海拔2000～3500米的高山针叶林和针阔叶混交林下的多种竹竿上。有关它的药膳作用在《食疗本草》《本草拾遗》《本草纲目》等医著中均有记载。竹荪作食用菌已有悠久的历史，过去只能从野外采集，数量极有限，通常只作帝王贡品，现已进行人工栽培，其产量和质量均有显著的提高。

六、竹根

竹根入药，有清热除烦之功效。《本草纲目》记载：“淡竹根煮汁服，除烦热、解丹石发热渴。苦竹根主治心肺五脏热毒气。甘竹根，安胎，止产后烦热。”

七、竹笋

竹笋是竹的幼芽，不仅组织细嫩，清脆爽口，滋味鲜美，而且营养丰富，它作为药膳资源在我国有悠久的历史，《本草纲目》《本草经》《食疗本草》《食经》《齐民要术》《唐本草》等古典名著均有记载。如《本草纲目》：笋味甘、无毒、主消渴、利水益气、可久食。竹笋味甘、性微寒，归胃、肺经，具有滋阴凉血、和中润肠、清热化痰、解渴除烦、清热益气、利隔爽胃、利尿通便、解毒透疹、养肝明目、消食的功效，还可开胃健脾，宽肠利膈，通肠排便，开膈豁痰，消油，解酒毒；主治食欲不振、胃口不开、脘痞胸闷、大便秘结、痰涎壅滞、形体肥胖、酒醉恶心等病症。

据赞宁《笋谱》记载，竹笋的药用价值有以下几个方面：

一是主消渴，利水道。李绩《本草》云："竹笋，味甘无毒，主消渴，利水道，益气，可久食。"

二是解酒毒。"诸笋以豆汁渍之，能解酒毒。"

三是去前病。"又实中竹并以笋为佳，是知笋食去前病，当叶、根茹一半，明矣。"

四是止小儿呕吐。"笋汁亦可除丹砂毒。唠呕逆气鬼气，可取笋，中酒服之，谓'糟中笋，节中水'也，最止小儿呕吐。"

八、竹子花

竹子花同样也是一种珍贵的中药。竹子花其实是竹子上面的一种菌，叫竹黄，是中药。我国民间作为药用，治疗体寒胃疼、风湿性关节炎、坐骨神经痛、跌打损伤和筋骨酸疼等。

CHAPTER 9

第九章

可羡山间清逸客

——竹文艺符号

竹，以其特有的风姿品性、神姿仙态、素雅宁静之美，令人赞颂。历代翠竹和松柏、梅花合称为“岁寒三友”。古人认为竹子有“十德”：竹身形挺直，宁折不弯，曰正直；竹虽有竹节，却不止步，曰奋进；竹外直中通，襟怀若谷，曰虚怀；竹有花深埋，素面朝天，曰质朴；竹一生一花，死亦无悔，曰奉献；竹玉竹临风，顶天立地，曰卓尔；竹虽曰卓尔，却不似松，曰善群；竹质地犹石，方可成器，曰性坚；竹化作符节，苏武秉持，曰操守；竹载文传世，任劳任怨，曰担当。竹子的品格，与古代贤哲“非淡泊无以明志，非宁静无以致远”的情操相契合，与中华民族审美趣味、伦理意识相吻合，故古人有“君子比德于竹”的名言。因此，留下许许多多光彩夺目的竹子人格化的诗篇和墨画。

秦汉之前，中国文字对竹的描述大部分着眼于竹的实用性，但已产生竹为原始生殖崇拜的象征物。战国时期史官所撰《世本》“象物贯地而生”的表述以及竹王传说等有所体现。商周时，竹意象上升为道德的比附对象、情感的象征物和祥瑞之物。如诗经的《小雅·斯干》《卫风·淇奥》开创了将竹子与君子之德联系起来，从此竹被赋予了新的内涵，对后代文化的审美影响很大。汉代开始出现情志咏物竹诗，如汉代古诗《冉冉孤生竹》和唐代李善、吕延济、刘良、张铣、吕向、李周翰的《六臣注文选》。由于战乱纷繁，魏晋南北朝文士多逃避现实，不与达官为伍，尤其是“竹林七贤”嵇康、阮籍、山涛、向秀、刘伶、王戎和阮咸，常在山阳县（今修武一带）竹林之下，喝酒、纵歌，肆意酣畅。以及唐代“竹溪六逸”李白、孔巢父、韩准、裴政、张叔明、陶沔在山东泰安府狙徕山下的竹溪隐居。他们由于避世或追求高尚道德的执着，曾远离人欲横流的“红尘”，竹林成了他们理想的解脱之地，朝夕沐浴在修竹清韵之中，寻找精神寄托与慰藉。在那一派“烟云水气”而又“风流自赏”的魏晋风度中，竹已有了“清风傲骨”“超然脱俗”的风貌。东晋以后，文人渡江南下，南北文化融合。随着文人对南方自然风物审美体验的深化，使得竹意象的伦理意义与文化蕴含凝结在其自然之中，竹道德文化自此弥漫江表，借竹的翠绿之色、挺拔之姿、浓密之势起兴来赞美君子的品性的比比皆是，颂竹佳作层出不穷。

第一节 竹文学符号

竹是一种极富有中华民族文化特色的文学符号。历代描述竹、歌颂竹的诗词歌赋众多，寄托了无数文学家的审美理想和艺术追求。

早在原始社会，竹即为中国先民们制造生产工具和生活用具的一种重要材料，成为其生产生活常备常用的物品，因而原始歌谣把竹作为一种物象进行描绘则在所难免了。现存典籍里中国诗歌史上最早咏及竹的作品，出自先秦的《弹歌》写道："断竹，续竹，飞土，逐宍。"反映了原始社会狩猎的生活。"断竹"是砍伐竹子，"续竹"是用砍伐的竹子来制作弹弓，"飞土"是用制作的弹弓装上土丸进行射击，"逐宍"即是射击鸟兽获得食物。在这首歌谣中，竹仅仅当作弓的制作材料提及，其主旨并非歌咏竹，而是表现弓的制作及以之打猎的过程，对竹在本质上并未倾注更多的情感、观念与审美情趣。

作为中国古典诗歌的直接源头，现实主义代表《诗经》以及浪漫主义代表《楚辞》中都有诸多咏及竹的篇什和诗句，或以之为比，或以之为兴，成为诗歌意境的重要构件之一。《诗经》和《楚辞》中写到簟、筐、箕、笠、筒、笱、管、筥、筶、篚等各种竹器的篇什俯拾即是，直接引竹入诗、描绘竹的篇章亦不鲜见。先秦时代卫地汉族民歌《诗经·卫风·淇奥》云："瞻彼淇奥，绿竹猗猗。有匪君子，如切如磋，如琢如磨。”这是一首赞美男子形象的诗歌，共有三章，每章九句，均采用“绿竹”起兴，借绿竹的挺拔、青翠、浓密来赞颂君子的高风亮节。竹虽然只是作为每章之首比兴的植物，仅为诗人偶然拈来以构筑意境的物象之一，然而却已被赋予了一些象征意味，在竹与其所指之间构筑起临时性的符号代码——信息指称关系。《诗经·小雅·斯干》中亦曰：“如竹苞矣，如松茂矣。”相传为周宣王建造宫室时所唱之诗，以竹苞即竹茂盛比喻家族兴盛。这是《诗经》赋予竹另一种象征意义，在竹与其所指之间构筑起另一符号代码——信息指称关系。此外，《诗经》中尚有“籊籊竹竿，以钓于淇”“其蔌维何，维笋及蒲”等写到竹的诗句，《楚辞》中亦有“余处幽篁兮终不见天”等描绘到竹的诗句。但竹还未摆脱“做引子”的地位，为“先言他物以引起所咏之词”（朱熹给兴所下的定义）之“他物”，竹既不是诗的主题，也未能与作者所要表现的情趣、感受融为一个统一的有机整体，而仅为不可分地彼此相连，只是情趣、感受的衬托。

最早将竹赋予人格品性，使它进入社会伦理范畴的是《礼记·礼器》：“其在人也，如竹箭之有筠也，如松柏之有心也。二者居天下之大端矣，故贯四时而不改柯易叶。”把人的道德坚守与“竹箭之有筠”相比拟，道德中的“气节”与竹节相联系，这是文人士大夫表达隐逸思想和不拘心灵的方式。《汉乐府·白头吟》的“竹竿何袅袅，鱼尾何簁簁”，《古诗十九首·冉冉孤生竹》的“冉冉孤生竹，结根泰山阿，与君为新婚，菟丝附女萝”，前者以竹竿钓鱼，喻男女情爱相投；后者以竹托根于大山之坳，喻妇女托身于君子（或认为女子婚前依于父母）。这些诗中描写竹的诗句与表现情感、叙述事件的诗句之间不再像《诗经》那样彼此在形式上相隔、各自形成独立的语言单元，而在语言形式上基本做到混融一片，但竹的意象与所抒之情、所叙之事之间的内在关系仍未能达到水乳交融的整体。尽管如此，先秦两汉文学已露出咏竹诗的端倪，形成了咏竹诗的“胚胎”。

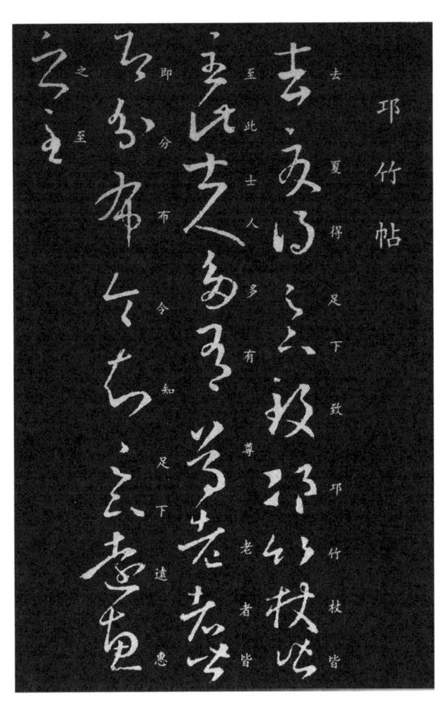

邛竹帖（作者王羲之）

魏晋之际形成玄学思潮。崇尚自然、游玩山水、欣赏风光是玄学家及名士谈论的中心议题与生活情趣，于是，自然不再是冷漠、异己之物，而是名士们逃避现实、摆脱痛苦的避难所和怡神荡性、宣泄自我的欢乐场，成为人的外在延伸和精神世界的具体表现。赏竹、赋诗、赞竹、咏竹之风日盛，朝野名士趋之若鹜，骚人墨客始着意于此。《晋书·王徽之传》记载了这样一件事：“时吴中一士大夫家有好竹，欲观之，便出坐舆造竹下，讽啸良久。主人洒扫请坐，徽之不顾。将出，主人乃闭门，徽之便以此赏之，尽欢而去。尝寄居空宅中，便令种竹。或问其故，徽之但啸咏，指竹曰：‘何可一日无此君耶！’”此外，尚有王羲之的《邛竹杖帖》、戴逵的《松竹赞》等文与赋。晋代的咏竹文学，体裁限于文与赋，诗歌尚未出现，而这些文与赋恪守“赋者，铺也”的体裁，描写呆板生硬，并且议论多于抒情，带有较浓厚的玄言气氛。竹虽然还不是完全意义上的艺术符号，含有某种哲学思想符号的意味，但毕竟上升为作品的主要意象，贯穿于全文了。

历刘宋至南齐，不仅咏竹作品日益增多，体裁扩大到诗歌领域，而且随着玄言诗风的扭转和山水诗派的出现，人们与自然及竹的关系更加亲近，竹渐为文学家的情感、观念所浸润而成为意象，咏竹作品的审美价值与艺术品位大为提高，严格意义上的咏竹文学诞生了，其标志就是谢朓的《秋竹曲》和《咏竹》。二诗中竹与所表现的情趣之间已形成内在、深层的指称与表现关系，尤其是竹的不畏风雪寒冷与人的坚贞忠诚之间建构的符号代码——所指意谓关系的恒定性由此得以确认，标志着竹作为文学符号的诞生。

秋竹曲

婵娟绮窗北，结根未参差。
从风既袅袅，映日颇离离。
欲求枣下吹，别有江南枝。
但能凌白雪，贞心荫曲池。

咏竹

窗前一丛竹，青翠独言奇。
南条交北叶，新笋杂故枝。
月光疏已密，风来起复垂。
青扈飞不碍，黄口得相窥。
但恨从风萚，根株长别离。

唐代，封建社会经济空前繁荣，疆域得到极大开拓，思想意识颇为民主，文学家们的眼界顿然开阔，创造欲望极为旺盛。文学，尤其是诗歌，在前代积累的创作经验和艺术技巧的基础上，又有长足发展，达至“前无古人，后无来者”的峰巅。在这样的社会文化的背景之下，竹成为文学家们慧眼瞩目的审美对象之一，从皇帝、权臣至一般士人和下层民众都有人歌咏竹，咏竹诗文终于迎来了鼎盛期。仅《古今图书集成》所录，写竹者就有95人之多，大文学家王维、李白、杜甫、韩愈、柳宗元、白居易、李商隐等人人皆有咏竹佳作传世，尤其是白居易，亲自种竹养竹，爱竹之情甚笃，对竹一咏再咏，留下诸多脍炙人口的咏竹诗文。唐代咏竹文学体裁丰富，有诗歌、表、记、赋等；唐代诗文中写到竹与竹制品的作品不计其数，直接以竹为母题和中心意象进行描绘者，亦开卷即得，颇为丰富。《古今图书集成》所录多达175篇，内容、风格丰富多彩。

在唐人眼中，外部世界可以被人所改造，人的主体意识空前高扬，自然物象变为情感、意志的符号，主客之间的隔膜被打通，冲突得以消融，走向了交融与统一。例如杜甫的《苦竹》：

青冥亦自守，软弱强扶持。
味苦夏虫避，丛卑春鸟疑。
轩墀曾不重，翦伐欲无辞。
幸近幽人屋，霜根结在兹。

杜甫在此诗中把苦竹视为地位卑微而清高坚定者的形象加以歌颂，表层看是赞竹、爱竹，深层看则在颂人、自赏，竹与人、苦竹之性与寒士之情融为一体、契合无垠。

如果说上面所举杜诗是触景生情，韦庄的七绝《新栽竹》则是因情觅景。

寂寞阶前见此君，绕栏吟罢却沾巾。
异乡流落谁相识，惟有丛篁似主人。

诗人流落他乡，漂泊寂寞之情涌上心头，无处寻知者，无法遣哀，无人诉衷情，只有那常见常伴的竹篁，仿佛是旧时故人，似能消除诗人心中块垒。竹不仅人格化为诗人故交，而且被赋予善解人意之品格。竹与人可以说亲密无间，竹完全被情感化、主体化了。唐代诗人们做到“与君尝此志，因物复知心”，人情与物理得以融合与统一。

宋朝经济与文化上承唐代而又有发展。国学大师陈寅恪先生指出：“华夏民族之文化，历数千载之演进，造极于赵宋之世。”在这样的社会环境中，宋代咏竹文学无论在作者人数上、作品数量上，还是体裁种类上，都不亚于唐代，而且在咏竹作品意境的精细性、竹作为文学符号所指的深度和广度等方面，均有新的开拓与成就。竹的文学符号所指称与表现的内容已由理性之网过滤，说理的成分大为增大。宋代的咏竹文学，尤其是咏竹诗，以理趣为其特征。

例如苏轼的《霜筠亭》：

解箨新篁不自持，婵娟已有岁寒姿。
要看凛凛霜前意，须待秋风粉落时。

这首七绝抓住了竹耐寒的特性加以描绘，表达了刚毅不畏艰险者自幼即已培育了坚毅的性格，只有在危难之际方显示出其英雄本色的意指。此诗借竹说理的意味颇浓。

又如王安石的《与舍弟华藏院忞君亭咏竹》：

一迳森然四座凉，残阴余韵去何长。
人怜直节生来瘦，自许高材老更刚。
曾与蒿藜同雨露，终随松柏到冰霜。
烦君惜取根株在，欲乞伶伦学凤凰。

此诗着意刻画了竹的庇荫、挺直、有节、刚硬、耐寒等特性，结句运用《庄子》凤凰栖于梧桐典故以显竹之高志。而透过表层意义，我们能体悟到诗中的文学符号，竹所表现的全然是作为政治家兼文学家王安石的个性、人格与志向，诗人在此诗中借竹自况，表现出其少年壮志豪情。

唐宋两朝之后，封建文化逐渐丧失其生机与力量，深植于封建文化土壤之中的咏物诗文的地位日趋摇撼，受到市民文学——戏曲与小说日益强大的冲击，1919年五四运动以后又为新崛起的自由诗、白话小说等新文学所掩蔽，咏竹诗文的创造性趋于微弱，再也没有闪烁出昔日的耀眼光芒。然而，竹作为中国文学的一个重要母题，不同时代文化中的文学家们持续不断地赋予其新的主题，竹这种文学符号随着历史的演进，不断获得新的指称——表现意义。从元代虞集的《高竹临水上》和杨维桢的《方竹赋》、明代高启的《狮子林十二咏·修竹谷》和王世贞的《竹里馆记》，到清代郑燮的《竹石》和《题画竹》，直到现代吴伯箫的《井冈翠竹》等，咏竹文学虽为“余音绕梁”但仍“不绝如缕”。竹文化的生命之流绵延不断，咏竹文学的长河奔流不息！2012年12月22日，《绿竹神气——中国一百首咏竹古诗词精选》首发式在北京人民大会堂举行。该书收录了中国100首咏竹诗词，上至上古先秦，下至近现代。该书的出版，意在传承中华民族自强不息的精神，加强生态文明建设，传播人与自然和谐共生的理念。

历代咏竹佳作颇多，下面节选历代潮州咏竹、涉潮州竹的诗歌，以供赏析。

寄潮州刁太傅

炎荒村落独游亭，江上寒山列翠屏。
记得幽人旧吟处，梅花庭院竹青青。

这是杨万里寄给潮州刁太傅的诗，寄托了他对故友怀念之情。杨万里，南宋吉水人，杰出诗人，由赣州司户参军知漳州，调广东提举，曾督师至潮州。他关心国运，正直敢言，力主抗金，因恨佞臣误国，辞官归里，居家15年不出，最终忧愤而死。刁太傅，未详，但借这首诗歌里的“幽人”“梅”“竹”等用词，我们可以感受到诗人对刁太傅高风亮节的美誉，体会到他们脾性相投、惺惺相惜的友谊之情。另外，从诗人的描述中可以知道，南宋时期潮州庭院崇尚竹子的造景运用，感受到潮州人对竹子的喜爱赞赏之情。

题西湖山石

咫尺移文唤即应，此亭便可配韩亭。
溪流横过一弯碧，山色平分两岸青。

落日钟声鸣远树，半空塔影到寒汀。
云烟满目皆亲种，留与邦人作画屏。
坐对高春放晚衙，春来和石也穿芽。
鸥边云阔三千顷，树杪烟横数万家。
贮月未圆松琐碎，怯风无力竹攲斜。
叮咛护好湖山景，养得阴成宿莫鸦。

作者林嘌，福州人，南宋庆元三年（1197）潮州知州，爱民如子，惠政甚多，如：原州有“白丁钱”，民苦之，林嘌即为奏免；复置田以益学廪；重辟西湖；修济川桥，便民往来。林嘌因善政具举，祀于名宦。该诗是作者游览西湖山，吟咏湖山迷人景色所作。从诗的表述中可以知道，当时西湖山已种有竹子。

潮州凤凰洲

江上洲平沙水碧，何年尝见凤凰飞？
偏宜晴日望山海，直上高楼当翠微。
云际清歌人命酒，春前绿草客思归。
凭谁添取闲风景？修竹满川梧四围。

作者赵执信，山东益都人，清朝康熙进士。诗中谈到，凭什么来造就这幽静的景致？原来是茂密的修竹和四周的梧桐。

至揭阳县

登高不尽翠微悬，海色真堪睥睨前。
桑浦关门来急峡，蓝田削壁挂飞泉。
城中竹树多依水，市上人家半系船。
可是河阳潘令在？于今五岭靖烽烟。

这是一首描述揭阳县城风光的诗作，再现了当年潮州一带一派太平景象。作者丘齐云，湖北麻城县进士，明万历四年（1576）潮州知府。诗歌中描述了揭阳县城里沿着河流种着许多竹子和树木，因为河流横穿城中，市上人家以小船通往，门口多系有小船。

山行遇雨同拗斋

蛮烟烘日昼长曛，箐竹穿林望不分。
雨逐君车何冉冉，花沾客袂故纷纷。
同牵直北山中梦，共踏穷荒海上云。
梁甫春岚太行雪，不知底处勒移文？

作者赵执信，山东益都人，清朝康熙进士。诗中提到的箐竹是一种比较纤细的竹。第一句的意思是，南方的瘴烟把正午的日色渲染得像黄昏一样，穿过丛林的修竹，望去不甚分明。

蓬洲扇

薄如蝉翼曲如弓，制自金闺素手工。
片片凉云清入梦，丝丝斜竹运成风。
写来秦女乘烟去，感罢班姬已箧中。
最恼元规尘万叠，九化障到遽匆匆。

作者系清末洋务先驱丁日昌（1823—1882），潮汕先贤，广东潮州府丰顺县（今梅州市丰顺县）人，晚年定居揭阳县榕城梅林巷内。潮汕诗人，梅州八贤之一，客家先贤，历任广东琼州府儒学训导，江西万安、庐陵县令，苏松太道，两淮盐运使，江苏布政使，江苏巡抚，福州船政大臣，福建巡抚，总督衔会办海防、节制沿海水师兼理各国事务大臣，是中国近代洋务运动的风云人物和中国近代四大藏书家之一。1877年7月，丁日昌积劳成疾，告假回家养病。1882年2月27日，中国近代富有改革精神的政治家、洋务运动的实干家丁日昌在揭阳县城病逝，皇帝遣官致祭，御制祭文，赐金建造陵墓于揭阳城西之福地。

蓬洲扇

竹丝细织柄牙棕，茧纸匀糊尺幅中。
侧帽曲遮花外日，曳衫轻送柳边风。
画摹石谷神何肖，制出金城样更工。
等是蒲葵称粤产，奉扬惜少晋诸公。

作者系清末著名民族英雄丘逢甲（1864—1912），辛亥革命后以“仓海”为名，祖籍广东嘉应州镇平县（今广东蕉岭），晚清爱国诗人、教育家、抗日保台志士。丘逢甲生于台湾苗栗县铜锣湾，1887年中举人，1889年己丑科同进士出身，授任工部主事。但丘逢甲无意在京做官，返回台湾，到台湾台中衡文书院担任主讲，后又于台湾的台南和嘉义教育新学。1895年5月23日，任义勇军统领；1895年秋，内渡广东，先在嘉应和潮州、汕头等地兴办教育，倡导新学，支持康梁维新变法；1903年，被兴民学堂聘为首任校长；后利用担任广东教育总会会长、广东咨议局副议长的职务之便，投身于孙中山的民主革命，与同盟会等革命党人参与许雪秋筹划的潮州黄冈起义等革命活动。民国时，丘逢甲被选为广东省代表参加孙中山组织的临时政府。1912年元旦，丘逢甲因肺病复发，1912年2月25日病逝于镇平县淡定村，终年48岁。台湾建有逢甲大学以示纪念。

第二节 竹绘画符号

竹，是中国绘画常画不厌、历久弥新的表现对象，是中国绘画的一种极为重要的绘画艺术符号。历代画竹作品层出不穷，令人叹为观止、流连忘返。众多画苑大家以竹为绘画对象，高手竞技，竹在风、烟、雨、雪不同背景中的各种姿态无不刻画毕现，并概括出许多精湛画技与理论。竹画是中国绘画所特有的专科，历史悠久。在中国画中，竹画有两种方式：一为设色竹子，属花鸟画；一为墨竹画，以墨竹为主，四君子画中的竹画为墨竹画，是典型的文人画。

画竹始于何时何人？史籍叙说不一。或云三国蜀将关羽为始作者，盖因云长重节操而附会，不足为凭。或载东晋王献之曾画出《竹图》，又传南朝顾景秀作有《杂竹样》等图。魏晋间“竹林七贤”等人常游于竹林，文人高士以“君子”之名呼竹，嗜竹之风甚盛，从情理推之，画家画竹应该心之所向、理所当然，然无墨迹传世，不得而知。还有传说唐朝的王维开始画竹，王维常以竹入诗，并作有《沈十四拾遗新竹生读经处同诸公作》《斤竹岭》《竹里馆》等咏竹诗，以竹入画亦在情理之中，可惜无墨迹等足够史料佐证，无法定案。

然而，唐代画竹已为专科则为确凿之论。中唐画家中萧悦（779—805）善于画竹，名擅当世。《宣和画谱》（北宋宣和年间由官方主持编撰的宫廷所藏绘画作品的著录著作）载其作有《风竹图》《乌节照碧图》《梅竹鹑鹩图》《笋竹图》等画竹作品。唐代书画家和书画理论家张彦远《历代名画记》云：“工竹一色，有雅趣。”萧悦很珍重自己的艺术，有人求他只画一竿一枝，求了一年还未求到。有一次，他却画了十五竿竹，送给诗人白居易。白居易感谢他的厚意，也赞叹他的艺术，写下了七言古诗《画竹歌》以酬谢萧悦送的画竹作品。

画竹歌

植物之中竹难写，古今虽画无似者。
萧郎下笔独逼真，丹青以来唯一人。
人画竹身肥臃肿，萧画茎瘦节节竦。
人画竹梢死羸垂，萧画枝活叶叶动。
不根而生从意生，不笋而成由笔成。
野塘水边碕岸侧，森森两丛十五茎。
婵娟不失筠粉态，萧飒尽得风烟情。
举头忽看不似画，低耳静听疑有声。
西丛七茎劲而健，省向天竺寺前石上见。
东丛八茎疏且寒，忆曾湘妃庙里雨中看。
幽姿远思少人别，与君相顾空长叹。
萧郎萧郎老可惜，手颤眼昏头雪色。
自言便是绝笔时，从今此竹尤难得。

以上可见中晚唐之际画竹之风甚盛，对画竹的立意、命笔等专门技法和理论亦有研究。晚唐画家程修己曾在文思殿画竹幛数十幅，所画竹子栩栩如生，唐文宗李昂《题程修己竹障》赞其：“良工运精思，巧极似有神。临窗忽睹繁阴合，再盼真假殊未分。”至中晚唐，画竹作品不仅出现，而且已达到相当高的艺术水准。

到了五代十国时期，画竹有了长足发展，尤其是地处南方的后蜀和南唐两国，竹更成为画家们的主要审美对象之一，得到越来越多的表现，竹从此成为一种绘画符号。传说后唐时人、郭崇韬夫人李氏始作墨竹，她“月夕独坐南轩，竹影婆娑可喜，即起挥毫濡墨，模写窗纸上，明日视之，生意具足。或云自是人间往往效之，遂有墨竹”。更可靠的说法是五代后蜀大画家黄筌“以墨染竹”，创造出中国古代绘画中的重要一科——墨竹图，李宗谔作《黄筌墨竹赞》赞誉其墨竹图："以墨染竹，独得意于寂寞间，顾彩绘皆外物，鄙而不施。其清姿瘦节，秋色野兴，具于纨素，洒然为真。故不知墨之为圣乎，竹之为神乎！"与黄筌齐名的南唐画家徐熙（有"黄家富贵，徐熙野逸"之称），亦常致力于画竹，尤擅于画野竹，李廌《德隅斋画品录》记其《鹤竹图》："根、干、节、叶，皆用浓墨粗笔，其间栉比，略以青绿点拂，而其梢萧然有拂云之气。"南唐李坡亦是画竹专家，他画竹不求纤巧琐细，多放任情性，随意落笔，而生意自存。画迹有《折竹》《风竹》《冒雪疏篁》等图，与刘彦济、施璘、丁谦以墨竹而驰于五代。南唐后主李煜亦善画竹，以被称为"金错刀"的颤笔画竹，乘兴纵笔，具战掣之势，坚挺遒劲。由唐人启其端、五代画家反复描绘，竹终于在中国绘画中占据一席重要之地，成为表现中国艺术家审美感情、审美趣味及思想观念的一种不可或缺的绘画符号。

竹因非常契合宋代文化的价值观念和审美理想，适合了新出现的"文人墨戏画"审美表现形式的要求，画竹艺术勃然兴起，画竹图大量涌现，竹绘画符号在中国文化中从此得到确立。文同是宋代画竹最杰出的画家，也是中国画竹的第一位大家。文同于画竹艺术颇多贡献。在竹绘画符号能指的再现方面，他首创画竹叶深墨为面、淡墨为背之法；倡导画竹须先"胸有成竹"，强调对竹反复进行审美观照，为洋州太守时常去筼筜谷观察竹。他赋予竹绘画符

墨竹图（作者文同）

号以高洁脱俗、屈而不挠等内涵，所画竹有“富潇洒之姿，逼檀栾之秀”，以豪雄俊伟的风格为特征。文同善于传授弟子，其徒程堂喜画凤尾竹、外孙张嗣昌画竹必乘醉大呼后落笔、赵士安好画筀竹，皆有所成；而后人画竹亦多宗之，故而明人莲儒搜集宋元两朝师法文同画竹技法者有25人，辑成《湖州竹派》一书［文同于1078年奉命为湖州（今浙江吴兴）太守，未到任即卒，后人称之文湖州］，形成中国画史中影响深远的流派——湖州画派。

宋代湖州画派另一位始祖是苏轼（文同病故后苏轼接任湖州太守，未几坐狱贬黄州）。《画鉴》云：“东坡先生文章翰墨，照辉千古，复能留心笔墨，戏作墨竹，师文与可，枯木奇石，时出新意。”他论画力主“神似”，说：“论画以形似，见与儿童邻。”因而对竹绘画符号的能指往往潦草、简约画出，而不求“形似”，创“朱竹”。苏轼提出“士夫画”（即文人画）之说，推崇“身与竹化”，于竹绘画符号的所指多有开拓，不就竹画竹，而借竹表现其胸中块垒，抒发其情感、意志。石涛评苏轼的竹画说：“东坡画竹不作节，此达观之解。”苏轼还配竹以石，创造了竹石画体，画有《丑石风竹图》《枯木竹石图》等，把石引入竹画之中，使石与竹相映成趣，衬托竹的审美形象与意蕴内

墨竹图（作者苏轼）

涵，丰富了竹画的意境。

竹画，尤其是墨竹画，一经文同、苏轼二人刻意创作，即成为中国画的一种固定题材和母题。元明两代艺术家对这一题材和母题不断开掘，使得竹绘画符号能指的描绘技法更为精湛多样，所指的意蕴内涵则愈加深邃丰富，竹绘画符号得以极大发展。

元代画坛画竹之风甚盛。赵孟頫工墨竹，以书法用笔写之，具圆

兰竹图（作者赵孟頫）

双竹图（作者柯九思）

润苍秀风格，提出“画竹还需八法通”。“元四家”中，吴镇画竹以清劲胜；倪瓒的墨竹画用笔轻而松，燥笔多，润笔少，墨色简淡却厚重清温，无纤细浮薄之感，能以淡墨简笔有神地笼罩住整个画面，评者谓其“天真幽淡，似嫩实苍”。顾安的墨竹常作风竹新篁，行笔谨严，遒劲挺秀，用墨润泽焕灿，自有一股萧疏清逸之气，存有《拳石新篁》《幽篁秀石图》《竹石图》《墨竹图》等作品。柯九思强调画竹与书法技巧相通，“写竹干用篆法，写枝用草书法，写叶用八分法”，“凡踢枝当用行书为之”，他画的竹“得其神于运笔之表，求其似于有迹之余”，做到形神均备，笔墨沉着苍秀。李衎则曾到东南竹乡，观察各种竹子的形色神态，竹画以墨竹为主，间作勾勒青绿设色竹，勾笔圆劲。李衎对竹和画竹理论有较深的研究（其《竹谱详录》一书综合李颇画竹、文同墨竹的成法和自己的心得，研究了命意、位置、落笔、避忌等诸多问题），因而他在竹的形式美、竹绘画符号能指各种形态的再现等方面，取得诸多超越前人的成就。

明代画竹名家有宋克、王绂、夏昶、屈礿。宋克善画细竹，“虽寸冈尺堑，而千篁万玉，雨叠烟森，萧然无尘俗之气”。王绂工墨竹，兼收北宋以来各名家之长，具有挥洒自如、纵横飘逸、清翠挺劲的独特风格，人称其墨竹是“明朝第一”。夏昶以楷书笔法画竹，所画竹枝的烟姿、雨色、疏密、偃直、浓淡、卧立等均合矩度，笔势洒落，墨色苍润，名重域外，有“夏卿一个竹，西凉十锭金”之誉。当时学他画竹的人很多，其中以屈礿为突出。

画竹艺术发展到中国封建社会的最后一个朝代——清朝，臻至极致，名家之多、作品之众、技艺之精，皆为历代画竹艺术之冠，后世亦无能掩之，可谓“前无古人，后无来者”，出现王迈、柳如是、龚贤、佘颙若、吴宏、童钰、贾可、方婉仪、潘恭寿等画竹好手。

冯肇杞画竹师法文同、苏轼，曾为人在高达寻丈之壁上画竹，磅礴挥毫，顷刻而就，见者如身入竹林。其画迹存有康熙九年（1670）

风竹寿石（作者王绂）

夏玉秋声图（作者夏昶）

所作《墨竹图》卷。许有介所画墨竹，枝叶不多，气势郁勃，有离奇苍浑之致；所画小竹，柔枝嫩叶，姿态横生。其康熙元年（1662）所画《枯木竹石图》传世。诸昇所画竹，发竿劲挺秀拔，横斜曲直，无一不可人意，而雪竹尤为驰名。其传世画竹作品有顺治十六年（1659）作《竹石》扇面、康熙二十九年（1690）作《雪竹图》、康熙三十年（1691）作《竹石图》轴。朱耷（八大山人）的竹画笔墨简括，画面着墨不多，均生动尽致，别具灵奇之妙。女画家汤密善画竹，墨竹师法文同，笔墨清丽，秀雅天真，无矫揉造作之气。其乾隆二十一年（1756）所作《竹石图》传世。杨涵工墨竹，每坐卧竹林畔，领会枝叶偃仰欹斜之态，忽有所得，便纵笔挥洒，雨叶风枝，千层万叠，甚具匠心，寻其脉络，次序不爽。其康熙八年（1669）所作《竹石图》轴传世。尤荫的墨竹得文同、苏轼笔法，有金错刀遗意，用笔潇洒淋漓，有疾风骤雨之势。招子庸所画墨竹，或为雪干霜筠，或为纤条弱篠，有郑燮风致。其道光十一年（1831）所作《墨竹十二联屏》传世。朱沅的墨竹则幽篔丛篠，飒然清远。其传世作品有《竹石仕女图》。蒲华的墨竹用湿笔直扫，水墨淋漓，笔力雄健，气势磅礴。

清代画竹而卓有所成者甚众，而画竹最多、成就最高者当推郑燮（即郑板桥），把中国画竹艺术推至巅峰。他是“扬州八怪”代表人物，诗书画世称“三绝”。他擅画兰竹，以草书中竖长撇法运笔，多不乱，少不疏，体貌疏朗，笔力劲峭，自题其画云：“四时不谢之兰，百节长青之竹，万古不移之石，千秋不变之人。”借竹寄托其坚韧倔强的品性。如其《兰竹图》，半边幅面为一巨大的倾斜峭壁，有拔地顶天、横空出世之势；峭壁上数丛幽兰与几株箭竹同根并蒂，相参而生，在碧空中迎风摇曳，丛生于峭岩绝壁，又不面于岩壁，“竹劲兰芳性自然”“飘飘远在碧云端”，自有不为俗屈的凌云气概。

被誉为“潮汕郑板桥”的蔡心侬擅画墨竹。蔡心侬，又名如意、维田，号渡亭耕夫，斋号服畴草堂，1857年出生，莲下渡亭村人。少随父学画，诗书印也广涉而有成。后抵香港从事实业，依然笔耕不辍。蔡心侬擅用水墨写竹，在学习郑板桥画法的基础上，摹仿文与可等前辈，并从现实生活中汲取营养，抒写清逸情怀。澄海博物馆藏有蔡心侬墨竹图轴，画心纵123.3厘米，横43.8厘米。画中两支竹竿旁逸斜出，瘦劲挺拔，竹叶不囿于“个”“介”“分”的成法，而是一

兰竹图（作者郑板桥）

墨竹图（作者郑板桥）

晴竹图（作者郑板桥）

墨竹图轴（作者蔡心侬，澄海博物馆收藏）

律向上，任意挥洒，用笔遒劲圆润，舒爽飞动，先浓后淡，多而不乱，少而不疏，呈现的是一派生机勃发的景象。竹子的左上方有一小石，其态峥嵘。画面右下有长题，题曰：“今日醉，明日饱，等闲无忧又无恼。人道此老真糊涂，那知腹中皆画稿。画此一幅潇湘图，雨叶风枝极潦草。赞者疵者一任它，任他自说好不好。堪叹世人鼻孔本无凭，一言反复何颠倒。呼嗟乎，一言反复何颠倒！”款署“渡亭耕夫阿侬”，钤朱白相间印“维田之章”及朱文印“阿侬”。另有一白文起首章“不速到门惟明”，印文出自清人俞荔《迂溪草堂初成》中“不速到门惟明月”之句。目前为止澄海地区还发现两处蔡心侬作品石刻，且刻画有竹，分别是樟林古港附近“蓝氏通祖祠”和溪南仙门村朱氏“素榕公祠”，两处“画竹石刻”均雅致有韵，值得品味。另外，“又庐”是澄海樟林古新街上的一处老建筑，里面的木门保留得非常完整，其中雕刻了8幅竹，落款是蔡心侬。

清代以降，在强大的外来文化的冲击之下，绘画题材日益扩大，绘画技巧趋于丰富多彩，昔日趋之若鹜的

竹菊（作者何香凝）

画竹盛况一去不复返，竹由绘画中心题材的地位降至一般题材。尽管如此，竹所凝聚与积淀的情感、观念、情趣、理想等文化内涵并未溘然消逝，画竹艺术传统之流仍然延绵不断，画竹大家与画竹佳作继续涌现。

吴昌硕的竹画兼取篆、隶、狂、草笔意，色酣墨饱，雄健古益。画坛杰出的女性美术家何香凝笔致圆浑细腻，色彩古艳雅逸，意态生动。余绍宋的竹画喜用焦墨，笔法谨严中寓有潇洒之致，识者谓其“纷而不乱”，气韵盎然。吴华源的竹画师文同，偃仰疏密，合乎法度。吴湖帆写竹潇洒劲爽，得赵孟頫、王绂风姿。此外，黄山寿、吴观岱、萧俊贤、经亨颐、汤涤、汪孔祁、于照、郑午昌、陈少梅、蔡鹤汀等画家均曾致力于画竹艺术。

生于清光绪二十三年（1897）的著名潮籍书画家孙星阁，亦擅画竹。孙星阁，学名维垣，字先坚，号十万山人，广东揭阳榕城镇人。其家学渊源，幼年时由父亲启蒙，后随同乡举人曾述经、进士曾习经昆仲学习经史、文艺，奠定国学、书画的基础。1919年，赴上海求学，翌年转入由章太炎担任校长的国民大学文学系，并深受其赏识，毕业后受聘为该校的艺术主任。在上海期间，孙星阁活跃于艺坛，其深厚的国学根底与卓越的艺术才能受到张善孖、郁达夫、王一亭等艺坛前辈的认可与赞赏。1949年后，他移居香港，从此过着半隐居的生活，一心沉醉于绘事，并取得杰出的艺术成就。孙星阁的画作题材颇广，他精于山水、花卉，好写山水、梅、兰、菊、竹、虾、蟹，于画兰犹有独得之秘。张善孖曾评价孙星阁的山水画：“山人笔下何淋漓，大山小石无不宜。貌不求似神得之，优入石涛与石溪。”萧遥天曾形容孙星阁的画作：“横肆中见侧媚，豪放中见静穆。”国学大师饶宗颐先生也曾为他的画作写过评论：“其画无日不变，无变不奇，皆出于自然。”从这些论述中，可见孙氏书画作品艺术水准之高。孙星阁爱竹之气节傲立，他画的竹从形象表现出竹的性格，表现出他本人对竹的形象有一种精神寄托的艺术感染力，正如他自己所说："我画竹，不求逸，只求我心中有竹。"这种竹画中有他艺术诗意的更深的意境。

刘昌潮（1907—1997），字国藩，号不烦斋主人，揭东霖磐人。生前为中国美术家协会会员，汕头画院首任院长。幼年师事岭东画家孙裴谷。1927年考入上海美专。1930年毕业后任揭阳一中美术教师。1931年应聘任泰国曼谷培英学校美术教师。1934年回国，先后任教于汕头、澄海、揭阳等地的中学和省立韩山师范学校。刘昌潮擅长山水、花卉，尤以墨竹名世，有"昌潮竹""竹仔先生"之誉。他在实践前人以书法写竹入画的基础上，借用了西洋画的透视技法，以墨色浓淡、虚实的微妙变化，表现竹的光影、露气，加强了空间感和纵深感。笔墨苍劲挺拔，洒脱雄放，功力深厚。作品生机盎然，意境深邃，备受好评。1953年，刘昌潮创作的《绿竹游鱼》《花鸡绿竹》入选全国第一届国画展览。1977年，《墨竹》入选在日本举办的近代美术作品联展，并被收入作品集。1984年，应邀为北京人民大会堂创作巨幅墨竹《坚筠硬节凌霜雪》。1989年，为天安门城楼创作国画《梅竹石图》。刘昌潮墨竹与北京董寿平墨竹齐名，故有"南刘北董"和"当代画竹高手"之誉。一代大文豪郭沫若先生曾对刘昌潮的画作过评价："清新隽逸，兼而有之，画竹如此，真是当代板桥。"国学大师饶宗颐先生论刘氏画曰："昌潮先生工画竹，炉锤功深，历数十载，蟠空绕隙，无不尽态而极妍，海内翕然宗之无间言。"

罗铭（1912—1998），字西甫，别号西父，广东普宁人。中国著名画家、美术教育家，创新中国画，蜚声海内外。1931年，于上海美专学西画。1932年，于上海昌明艺专艺术教育系学国画，师承黄宾虹、潘天寿、王个簃等名师。毕业后，曾长期在揭阳、普宁等地任教。1947年起，游东南亚各国及港台地区，侨居马来西亚，写生作画，举办画展，影响甚大，享誉东南亚。1952年载誉归国，应徐悲鸿院长之聘，任教于中央美术学院。1954年，在北京和李可染、张仃举办三人山水写生画展，开中国山水画一代新风。1959年，任西安美术学院教授，后兼任陕西省国画院副院长、名誉院长等。1988年，被国务院聘为中央文史研究馆馆员。罗铭早年受业于以花鸟画见长的海派门下，所以回潮汕后就专练花鸟画，而画麻雀则是他的拿手绝活。麻雀本不属珍禽异类，但他喜欢麻雀的天真活泼和淳朴自由的野趣。他画麻雀不是从画谱中描摹，而是在村头场院或山林枝头上活动的麻雀写生得来。由于他对麻雀的生活习性有细致入微的观察，所以他笔下的麻雀或振翼飞舞，或斜翅投林，或喧闹嬉戏，或并肩而立，或窃窃私语，或聚头啄食，千姿百态，生动活泼，富有情趣。时人十分赞许，给他送了“雀仔先生”和“罗雀”的雅号。罗铭的画中也常见竹元素。

下面梳理罗列部分潮州竹绘画作品。

竹绘画符号在潮州木雕、潮绣、潮瓷、潮州麦秆画等其他形式中也多有表现，深得人们喜爱。

竹石图（作者孙星阁）

潇湘夜雨图（作者孙星阁）

墨竹（作者刘昌潮）

兰花（作者孙星阁）

竹雀（作者罗铭）

八哥竹石图（作者范昌乾，潮州美术馆收藏）

清竹（作者黄翼，潮州美术馆收藏）

清竹（作者王显诏，潮州美术馆收藏）

竹石图（作者黄家泽，潮州美术馆收藏）

人物（作者王逊，潮州美术馆收藏）

竹石图（作者蔡铭石，潮州美术馆收藏）

竹壁画

竹壁画

潮州木雕《梅兰菊竹四季花》（作者辜柳希）

潮绣《梅兰菊竹》（作者康慧芳）

潮州麦秆画《百鸟和鸣》（作者方志伟）

潮绣《梅兰竹菊》（作者佘可燕）

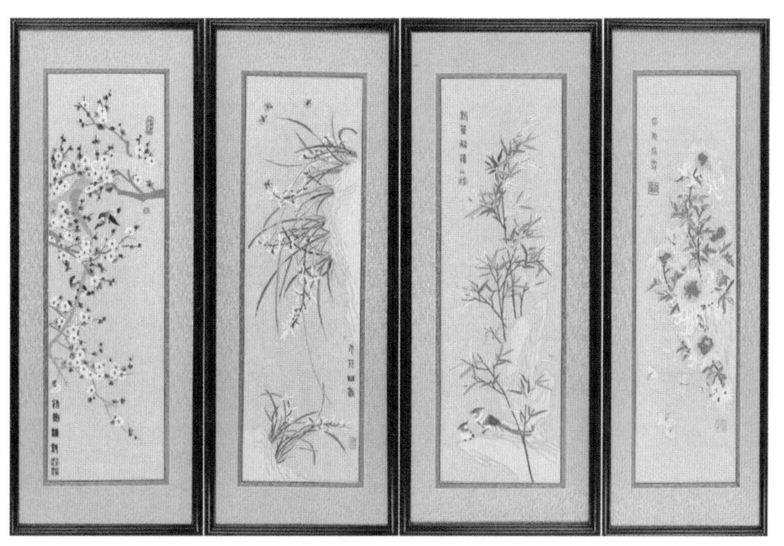

立体通锦绣《四君子》（作者祝书琴）

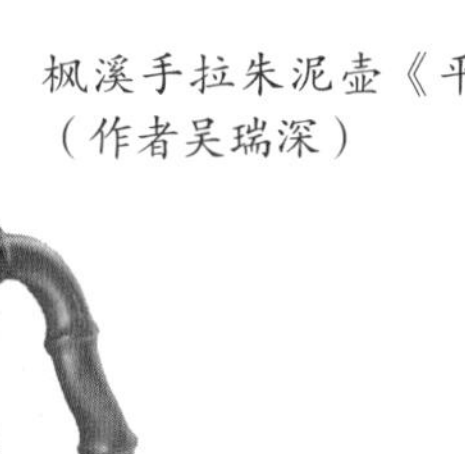

枫溪手拉朱泥壶《平安壶》（作者吴瑞深）

潮州珠绣挂屏《梅姿竹影戏锦鸡》（作者黄伟雄）

第三节　竹的成语故事

1. **胸有成竹**

北宋画家文同，字与可。他画的竹子远近闻名，每天总有不少人登门求画。文同面竹的妙诀在哪里呢？原来，文同在自己家的房前屋后种上各种竹子，无论春夏秋冬、阴晴风雨，他经常去竹林观察竹子的生长变化情况，琢磨竹枝的长短粗细，叶子的形态、颜色，每当有新的感受就回到书房，铺纸研墨，把心中的印象画在纸上。目积月累，竹子在不同季节、不同天气、不同时辰的形象都深深地印在他的心中，只要提笔，在画纸前一站，平日观察到的各种形态的竹子立刻浮现在眼前。所以每次画竹，他都显得非常从容自信，画出的竹子无不逼真传神。当人们夸奖他的画时，他总是谦虚地说："我只是把心中琢磨成熟的竹子画下来罢了。"有位青年想学画竹，得知诗人晁补之对文同的画很有研究，前往求教。晁补之写了一首诗送给他，其中有两句："与可画竹，胸中有成竹。"故事出自北宋苏轼《文与可画筼筜谷偃竹记》。胸有成竹，比喻做事之前已做好充分准备，对事情的成功已有了十分的把握；又比喻遇事不慌，十分沉着。

2. **青梅竹马**

青梅：青的梅子；竹马：小孩当马骑的竹竿。比喻男女儿童在一起玩耍、天真无邪的感情。唐朝李白《长干行》："郎骑竹马来，绕床弄青梅。同居长干里，两小无嫌猜。"比喻男女纯真的爱情。

3. **竹报平安**

竹：竹简；竹报：旧时家信的别称，指平安家信。唐朝段成式《酉阳杂俎续集·支植下》："北都惟童子寺有竹一窠，才长数尺，相传其寺纲维，每日报竹平安。"

4. **竹苞松茂**

根基像竹那样稳固，枝叶像松树那样繁茂。用作视长寿或宫室落成时的颂词，也比喻家族兴盛。《诗经·小雅·斯干》：“如竹苞矣，如松茂矣。”明朝范世彦《磨忠记·杨涟家庆》：“亲寿享，愿竹苞松茂，日月悠长。”

5. **势如破竹**

形势如劈竹子一样，劈开上端之后，下面就随着刀刃分开了，形容节节胜利，毫无阻挡，也形容不可阻挡的气势。《晋书·杜预传》：“今兵威已振，譬如破竹，数节之后，皆迎刃而解。”明朝施耐庵《水浒传》第九十九回：“关胜等众，乘势长驱，势如破竹，又克大谷县。”

6. **罄竹难书**

罄：尽，完；竹：古时用来写字的竹简。形容罪行多得写不完。成语出自《旧唐书·李密传》：“罄南山之竹，书罪未穷；决东海之波，流恶难尽。”

7. **丝竹中年**

《晋书·王羲之传》：“谢安尝谓羲之曰：‘中年以来，伤于哀乐，与亲友别，辄作数日恶。’羲之曰：‘年在桑榆，自然至此，顷正赖丝竹陶写。’”后因谓中年人以丝竹陶情排遣哀伤为“丝竹中年”。傅专《避地》诗之二：“宾朋此日差相倚，丝竹中年强自宽。”

8. **竹清松瘦**

形容人的状貌瘦健有神。宋朝辛弃疾《感皇恩·滁州为范倅寿》词：“酒如春好，春色年年如旧。青春元不老，君知否？席上看君，竹清松瘦。待与青春斗长久。”

9. **著于竹帛**

著：写作；竹帛：竹简和绢。即在竹简和绢上写作。指把事物或人的功绩等写入书中。出自汉朝东方朔《答客难》：“今子大夫修先生之术，慕圣人之义，讽诵诗书百家之言，不可胜记，著于竹帛，唇腐齿落，服膺而不可释。”

10. **柳门竹巷**

指幽静俭朴的住宅。出自唐朝刘禹锡《伤愚溪三首》：“柳门竹巷依依在，野草青苔日日多。纵有邻人解吹笛，山阳旧侣更谁过。”

11. **竹篮打水**

比喻白费气力，劳而无功。出自唐朝寒山《诗》之二〇八：“我见瞒人汉，如篮盛水走，一气将归家，篮里何曾有？”

12. **尺竹伍符**

本指记载军令、军功的簿籍和军士中各伍互相作保的守则，亦借指军队。出自明朝方孝孺《书夷山稿序后》：“吾观四明蒋先生，羁寓数千里外，在尺竹伍符中，而放笔为诗……味其言如素处显位者，未尝有枯悴寒涩这态，是安可谓之穷士乎？”

13. **罄竹难穷**

犹言罄竹难书。《三元里人民抗英斗争史料·全粤义士义民公檄》：“盖暴其罪状，罄竹难穷；洗我烦冤，倾海莫尽；实神人所共愤，覆载所不容。”

14. **竹柏异心**

比喻志向不合或表象不同。出自《楚辞·东方朔〈七谏·初放〉》：“孰知其不合兮，若竹柏之异心。”王逸注：“竹心空，屈原自喻志通达也；柏心实，以喻君暗塞也。言己性达道德，而君闭塞，其志不合，若竹柏之异心也。”

15. **竹篱茅舍**

常指乡村中因陋就简的屋舍。出自元朝乔吉《卖花声·悟世》：“尘风薄雪，残杯冷炙，掩青灯我竹篱茅舍。”

16. **竹烟波月**

雾气中的竹林和月照下的波纹。比喻月光下优美的景色。唐朝白居易《〈池上篇〉序》：“酒酣琴罢，又命乐童登中岛亭，合奏《霓裳散序》，声随风飘，或凝或散，悠扬于竹烟波月之际者久之。”

17. **翠竹黄花**

指眼前境物。出自宋朝释道原《景德传灯录·慧海禅师》：“迷人不知法身无象，应物现形，遂唤青青翠竹，总是法身；郁郁黄花，无非般若。黄花若是般若，般若即同无情；翠竹若是法身，法身即同草木。”

18. **鲇鱼上竹**

比喻本想前进反而后退。出自宋朝欧阳修《归田录》：“君于仕宦，亦何异鲇鱼上竹竿耶？”

19. **刀过竹解**

刀一劈下去，竹子立即分开，形容事情顺利解决。出自清朝李绿园《歧路灯》第五回：“后来，果然办得水到渠成，刀过竹解。”

20. **金石丝竹**

金：指金属制的乐器；石：指石制的磬；丝：指弦类乐器；竹：指管类乐器。泛指各种乐器，也形容各种声音。出自《庄子·骈母》：“多于聪者，乱五声，淫六律，金石丝竹，黄钟大吕之声，非乎，而师旷是已。”

21. **竹马之好**

谓儿童时期的交谊。出自南朝刘义庆《世说新语·方正》：“诸葛靓后入晋，除大司马，召不起。以与晋室有仇，常背洛水而坐。与武帝有旧，帝欲见之而无由，乃请诸葛妃呼靓。既来，帝就太妃间相见。礼毕，酒酣，帝曰：‘卿故复忆竹马之好不？’靓曰：‘臣不能吞炭漆身，今日复睹圣颜。’因涕泗百行。帝于是惭悔而出。”

22. **竹头木屑**

比喻可利用的废物。出自《晋书·陶侃传》：“时造船，木屑及竹头，悉令举掌之，咸不解所以。”

23. **哀丝豪竹**

丝：指弦乐器；竹：指管乐器；豪竹：粗大的竹管制成的乐器。形容管弦乐声的悲壮动人。出自唐朝杜甫《醉为马坠诸公携酒相看》：“酒肉如山又一时，初筵哀丝动豪竹。”

24. **青竹丹枫**

青竹生南方，丹枫长北地。借指南北。出自宋朝朱敦儒《醉思仙·淮阴与杨道孚》词：“君向楚，我归秦，便分路青竹丹枫。”

25. **茂林修竹**

修：长。茂密高大的树林竹林。出自晋朝王羲之《兰亭集序》：“此地有崇山峻岭，茂林修竹。”

26. **竹杖化龙**

比喻得道成仙，亦借指仙人道者。晋朝葛洪《神仙传·壶公》：费长房从壶公学仙，辞归，“房忧不得到家，公以一竹杖与之曰：‘但骑此，得到家耳。’房骑竹杖辞去，忽如睡觉，已到家。……所骑竹杖弃葛陂中，视之，乃青龙耳”。

CHAPTER 10

第十章 等闲识得东风面

——潮州竹产业

第一节　潮州竹产业历史追溯

潮州东北部的山区盛产竹子，一直延伸至梅县、饶平、闽赣交界山区一带。竹子的品种繁多，有苗竹、绿竹、厘竹、桂竹等，有人工种植的，也有自然生长的，这为潮州生产竹制品提供取之不尽的原料基地。

竹木排放是一种古老的水上运输形式。潮州之竹木排放运具有悠久的历史。韩江主干道与各支流汇合，将流域内竹木的运输联结起来，并构成一竹木贸易网，而潮州城因其所处地利，也成为韩江流域竹木贸易的转运中心。潮城江边和临江东岸的意溪镇、东津乡一带的竹制业比较集中、发达。特别是意溪镇，为竹木排放运业所在地。

意溪杉竹木业的经营和放运历史悠久。明末福建连城张、杨、陈三姓族人因放运杉竹木排至意溪经营，生意兴隆，而创村头塘。意溪地处韩江中下游的交接点，河面宽约千米，地理条件优越。加上湘子桥水深流急，下游航道复杂，从韩江上游来的杉竹木排放运人员对此段航道不熟悉，语言又不相符，必须雇用当地放运人员放运。因而使意溪很早就成为韩江流域内的一个杉竹木贸易和放运中心。韩江上游商户至意溪经营杉竹木业并定居者日益增多。清初，清政府就在意溪蔡家围设卡收税，凡韩江上游放运来的一切竹木均要到饷关报关纳税。在乾隆《潮州府志》中就记载："意溪墟，在县东厢六里，即蔡家围，竹木交易之所，逐日市。"而在潮州南门涵附近，由于得三利溪之便也聚集了40余家竹铺，此地也因此被称为"竹铺头"。蔡家围竹木贸易的经营方式，主要是意溪行商派员至上游产地采购，并雇用客籍工人或从意溪派工放运至意溪；次为上游产地商户自运至意溪销售。杉竹木以整排和零售方式转销潮阳、揭阳、澄海、饶平、普宁、惠来、汕头、海陆丰、南澳、潮安等地。意溪从事杉竹木业人员，多称上游产地为上七埠，下游销地为下七埠。到清代中后期，杉竹木的经营和放运已步入繁盛时期。潮州府、海阳县多次发出告示和禁令，维护杉竹木行商的营业权益，严禁乘杉竹木排遇险碰散而肆意抢夺，规定缚扎放运木排的有关章程。民国时期（不包括日寇侵占期）为杉竹木业鼎盛高峰期。意溪沿江堤侧已有100多家杉铺行和近百户香枝铺，锯木、凿梯、家具、农具、竹器、木屐、长生等加工业随之兴起，造船业也应运而生。杉竹木的经营，年均营业额可达大洋银500万元以上。

清代潮州竹木贸易兴盛，在潮州城内设立商号的竹木店铺较著名的有以下几家：

潮州城竹木商号一览表

所属行业	商号名称	开业时间	店址
杉业	和顺	光绪十七年（1891）	下水门外
杉业	福康	宣统三年（1911）	下水门外
山货竹器	财利	道光廿三年（1843）	南涸池
山货竹器	正记	光绪廿八年（1902）	下水门街
竹履	财利	宣统三年（1911）	—
笔墨	陈登科	乾隆四十八年（1783）	昌黎路
笔墨	晋兰亭	光绪三年（1877）	昌黎路

民国时期，意溪镇沿江堤侧已有杉行铺几十家。镇内有香枝铺几十家。从事竹木排放运的人员不下600人。每年放运的竹木，估计达1.5亿支（把）以上。另外还有相当部分人员从事竹木排贸易、保营、加工等。近万人之意溪镇，很大程度上依靠竹木排贸易和放运作为经济收入来源。日寇占领潮州期间，竹木排放运仍不间断。湘子桥虽被日军封锁，但竹木排至意溪镇拆散之后，沿陆路绕至涸溪一带重新编

扎成排，再放运往下游各地。当时的放运形式属人工放运，一般韩江上游来的竹木排多停泊于头塘、意溪一带。各县商人到意溪交易后，多与“排头”（即雇用排工和组织放运的工头）面议放运工价后，由人工放运至目的地。

清代，潮州庵埠花篮和蓬洲竹壳扇精美闻名天下，1915年曾获南洋劝业会（中国举办的第一次世界博览会）褒奖。

新中国成立前夕，意溪镇已设有旧排筏工会，下属分为4个馆头，分别是橡埔老万英馆、长和老万顺馆、坝街老万兴馆、寨内老万安馆。馆头由当地士绅担任。各馆又分有若干小馆，多为“排头”把持。旧排筏工会，名为工会，实际上是封建大杂烩，且操纵着意溪的竹木排放运。

新中国成立之后，潮州地区所需求的竹木材有相当部分是通过韩江来放运的，其来源主要仍是福建、江西、梅县地区、惠阳地区紫金

运竹排

县等地。竹木排从上游到头塘、意溪之后，绝大部分转给意溪木材水运公司和意溪排筏放运站转运或由其重新拆编后放运往下游各地。由于部分机械发展，放运工人的劳动强度有所减轻，装卸竹木由肩扛转为大部分用吊机、吊车起吊。在放运过程中，有拖轮保驾护航。1952年2月22日，成立意溪排筏工会和潮州市搬运公司第三区办事处，干部职工共800多人。后部分人员回乡或调往他处，剩348人。1957年初，遵照政府关于划业归口的指示，分100人归汕头地区土产公司作排筏放运站，分248人归汕头森林工业局为意溪木材放运大队。此后排筏放运站在1962年下放为集体企业。意溪木材放运大队并入汕头贮木厂（汕头木材厂），1962年下放汕头地区意溪水运公司，1972年又并入汕头木材厂，为地方国营企业。

20世纪50—80年代，潮州竹器产业一度十分兴旺发达，很多产业远销海内外，是全省乃至全国著名的竹器主产地。当时潮州比较有名的竹制品产地有两处，一处在南门竹铺街，一处在意溪堤顶，以生产香支为主。竹器作坊三四百家，从业两三千人，1956年合作化以后，组成6家制品厂，主要产品有竹编工艺品，如花盆、花篮、盘、碗、盒、扇、纸筐、罩、匣等品种近百个。竹器行业不断推出新花色、新品种，有厘竹、茶匣、餐帘、上漆渔竿等产品远销美国、加拿大等国家，年出口值达200万元。

竹器行业中的竹篷业，1954—1955年先后建立3个竹篷组。1956年，3个竹篷组与吉街竹篷厂合并成立竹篷生产合作社；有200余家藤竹棕草手工作坊，于1955年相继组成14个手工业生产合作社；有20多户竹帘编织作坊，于1956年组成竹帘生产组。1954年12月，意溪镇的竹器联营（资方联合体）撤销，由39名工人投资组股建立竹器社；在此前后，成立了16人的竹篷社；还有意溪竹枝生产社、东津竹器生产社先后组成；意溪镇最大的行业行当香枝铺，也于1956年由104家作坊组合，成立9个香枝生产合作社，并于1957年合并为竹杂厂，工人达1000人。

潮州市竹帘一厂、竹帘二厂于1984年合并为竹帘工艺厂后，发展为竹餐帘、竹门帘、竹窗帘三大门类几百个花色品种之后，成为外贸土畜进出口公司的热门货；竹制品工艺厂于1982年从竹篷厂拆出后，产品竹盘、排污水板、花盆、屏风等竹制工艺品得到了发展，1985年竹屏风、果子盆产品在秋季出口商品交易会上，外商订货达17万元；竹器厂从原色厘竹（磅竹）发展染色厘竹生产，且成为主要产品，月产能力为15～20吨；竹篷厂产品竹篷类为新兴的金属、塑料建材所取代，生产走下坡路，1982年拆出竹制品工艺厂后，于1984年进一步发展兼产藤类产品，其生产材料已纳入省计划供应；潮安竹器工艺厂于1972年竹制工艺品“竹签船”发展为出口产品后，相继发展竹编类、竹笔枝芯编织品、竹布扇等10多个品种、480多个花色，竹草（笔枝芯）篮、大竹扇等品种成为出口热销货；潮安厘竹工艺厂于1984年从竹杂厂拆出后，专业生产厘竹，生产发展形势有所好转，1985年销售额达100万元；潮安竹制品工艺厂于1984年从竹杂厂拆出。至1985年底，潮州市共有竹藤制品企业7家（其中藤制品属于兼产产品），职工人数达1475人，年工业总产值418万元，实现税利36.2万元。

潮安竹品工艺厂的茶厘（滤）为冲咖啡的用品，天然无毒，最受东南亚客商欢迎，年产4万支，产值10多万元。

潮州竹器厂和潮安篱竹工艺厂取梅县和闽北的野生篱竹，去壳削目，洗白晒干，按大小分类，两头锯齐，每年销日、美、加、英等国2000吨，产值近100万元。还有香支，年销香港和东南亚10万～30万把。

潮州竹工艺厂的花盆套有方、圆、六角和长方形等造型，颜色有本色、褐色、烫花、彩绘等，结构牢固，古朴大方，很受国外客商喜爱。该厂的竹胶合盘、盆、扇、杯垫、屏风，以竹片涂胶，热压黏合成型后彩绘国画山水，耐热耐浸耐腐蚀，不变形，有浓厚的乡土味，极具欣赏价值。该厂用胶合竹板生产的排污生物转盘，1983年获轻工业部“金龙奖”。

下面选介20世纪50—80年代潮州主要竹器工艺厂：

潮州竹帘工艺厂：是一家生产竹帘出口的专业厂，设于城新路37号，占地面积6514平方米，其中厂房4058平方米，职工425人，拥有各种织帘设备31台。年产值160万元以上，产品畅销欧美国家。1986年9月，潮州二轻竹器厂并入竹帘工艺厂。

潮州竹制品工艺厂：厂址设于南春路旗杆巷内，面积1300平方米，职工108人，生产主要品种是竹制胶合工艺品，有竹盘、花盆、合板和屏风等170多种，出口美国、意大利等24个国家及香港地区，国内各大城市也有经销。厂主要设备有500吨油压机等设备共14台（套）。固定资产原值396万元，净值293万元，年产值18万元。

潮州竹器厂：有工人150人，全厂面积7800平方米。主要产品有出口磅厘竹、染绿竹、300厘米日本厘，年产值55万~60万元，产品以出口为主，内销生产为铺，每年生产磅厘、染色厘800吨左右，通过省土产进出口公司和汕头土畜进出口公司销往欧美、日本等国家，内销主要销于汕头地区各县市。1986年，该厂在调整中并入竹帘工艺厂。

潮州竹篷厂：有员工116人，主要生产门类是竹篷建搭及藤家具制品，固定资产0.12万元，1985年总产值20余万元。竹篷生产在潮州至少有250年的历史。1951年，在七丛松巷成立竹器工会。1954年下半年，在百花台建立竹篷第一生产组。1955年，相继成立竹篷第二、第三生产组。1956年，各生产组和吉街竹篷厂合并组建潮州竹篷生产合作社，1958年6月改名为潮州市竹器三厂，9月与竹器一厂、竹器二厂合并组成地方国营潮州竹藤棕草厂。是年，工人大胆革新，吸取泥木拱形建筑的应力原理，利用苗竹弓圈结梁成拱，为潮州体育馆、凤凰水库和枫树琪等建筑工程搭建跨距大、深度长的篷架，为地方建设做出贡献。

潮安竹器工艺厂：厂址设于意溪区东津乡，有职工132人，合同工13人。主要产品有竹签船、茶屋、竹草花盆、竹盒、竹箱、竹扇、挂瓶、竹篓等10多个品种，远销美国、法国、挪威、比利时、芬兰、荷兰、瑞典、意大利、西德、丹麦等国家及香港地区，1985年出口产量36多万件（套），年产值38万元多。

潮安厘竹工艺厂：位于意溪镇堤顶，主要生产厘竹出口，有职工426人，分为一、二车间和染色厘车间。厂房场地80多平方米，建筑面积300多平方米，主要产品有磅厘竹、染色厘、300厘米厘竹等，销往日本和西欧国家。1956年，意溪镇104间香枝铺组成9个香枝生产合作社。1957年，合并为竹杂厂，工人约1000人。1958年开始生产厘竹出口，并改名为厘竹厂。1963年恢复香枝生产，改名潮安竹杂厂。1967年，又改为厘竹厂。1974年，在原有产品的基础上，又增加笔卷帘、钓鱼竿等产品出口，年产值70万元以上。

除了工厂众多，潮州当时的竹编专业村也很多，主要有：

龙湖镇塘东村：塘东村土头出产毛笔，相传始于元朝末年，由陈氏祖先从福建带艺入村，相传至今，历600多年而不衰，产品远销国内外各地，曾是远近闻名的笔庄，在国内享有盛誉。20世纪80年代，塘东村90%的劳力从事专业或业余制作毛笔手工业生产，产品远销港澳地区和新加坡、越南，年创值20多万元，占总收入的70%以上。

龙湖镇上阁洲村：上阁洲村是有400多年历史的传统竹器编织专业村，早在明嘉靖年间，上阁洲村民间已有竹器编织作坊，生产篛、簸箕日用竹制品，生产颇具规模。该村家家户户、男女老少多数能编织竹器工艺品、日用品。1987年，竹器编织总收入达500万元，占工农业生产收入的70%。该村生产的传统产品有花篛、米筛箩、畚箕、鱼苗筛（鳗鱼筛）、胶筛、大筛盖、粿篛、束沙篛、斗篛、竹帘、灯罩、天花板等200多个花色品种。产品远销潮汕平原和福建、江西、浙江、上海、江苏等地以及欧美和亚洲各地。

1978年，上阁洲村析为阁一、阁二两个村，竹器厂也一分为二。

原阁洲竹器厂创办于1961年，1963年在村东护堤公路旁建新厂房，占地面积3亩，建筑面积950平方米。有工人80人，生产竹帘、灯罩、天花板、竹篮等各式竹器工艺制品，产品远销欧美及亚洲各地。1984年阁一竹器厂建新厂，坐落在村北，毗邻护堤公路，占地面积6亩，厂房面积1820平方米，有工人近百人，生产竹帘、天花板、竹签、灯罩等各式竹器工艺制品，产品远销欧美及亚洲各地，1987年创产值84万元。

龙湖镇鹳巢村：鹳巢村埔头祖传编织竹器，已有300多年历史，昔时家家户户都从事竹工艺品制作，产品远销国内外。竹门帘是该村的特色工艺产品，其制作工序复杂，需经锯竹、刮竹、破篾、编织、描边、上釉、画花、缝布边等多道工序。

龙湖镇湖边村：油纸花灯是龙湖镇湖边村的传统技艺。湖边村有李、林、黄等多姓氏，其中李厝编织灯笼竹架，工艺独特，历史悠久；林厝村有着近200年做灯笼的历史，是潮州目前最大的竹灯笼生产基地。林厝生产的竹灯笼以圆形灯、冬瓜形灯为主，大大小小共有20多个规格型号，产品畅销潮州、汕头、揭阳、饶平、福建诏安等地以及泰国、新加坡等东南亚国家。

龙湖镇东升村：东升村于明代从福建引进谷箕编织技术，相传至今已有几百年历史。该村曾办有竹器厂，主要生产竹盘、沙箕、畚箕等竹制品，产品销往潮汕地区以及省外。

东凤镇礼阳李村：礼阳李村是传统竹器手工业之乡。编制竹器成品，是村始祖从福建莆田县带来的一种谋生手艺。礼阳李村出产的竹笠、大厚筐，畅销邻近各县，很有名气。1946年，乡中有私人合营竹器业，产品种类增加到8个，远销东南亚地区。新中国成立后，竹器业日益发展。1971年，先后制出工艺竹盘、竹碗、竹盒、竹篮、雀巢类、灯罩类、花盆类等300多个新品种，远销西欧、美洲、东南亚等40多个国家，至1985年，年产值近100万元。

浮洋镇蔡林村：蔡林是竹器工艺专业村，清代已有竹器生产。清末至民国时期，该村纯以竹器生产为生。蔡林竹器工艺品精巧美观耐用，主要产品有市篮、花篮、篾扇、篾碗等。1974—1978年，曾大量生产篾盘、篾碗等，由县土产公司收购出口。

浮洋镇乌洋村：乌洋村后巷是鱼生盘的产地。清代中叶始有生产，民国时期各地盛用鱼生盘，生产日盛。全村会此工艺达100余人，产品远销香港地区、泰国等。新中国成立后产品销于潮汕地区一些市镇。鱼生盘用细篾以手工纺织而成，形圆似竹筛，通风又透气，适用于放置鱼生肉以及制作紫菜之用。近年来有改制粗篾竹盘，供放置鱼丸、鱼饺之用。

浮洋镇潘厝村：潘厝笠盖始创于明末清初。潘氏先民为扬弃豆谷杂渣而构思器物模样，于庭前伐竹劈片，分层编织成笠盖。初为亲友相求借送，后渐编织出售，批量生产，成为潮汕竹器独有名产。清代潘厝笠盖产品盛销潮汕各地，民国期间远销海外。潘厝是竹器专业村，至今笠盖盛产不衰。笠盖是该村60多种竹器产品中制作最精细、最复杂的一个品种，大小型号多样，内为篾肉薄片密集编织，外用篾皮交织加固，用途广泛，经久耐用。

浮洋镇木井村：木井村在清代已大量生产竹筷，产品遍销潮汕各地。民国期间，竹筷、漆筷远销全省各地。1956年建竹器厂，增加生产鸭笼、鹅围、雪条枝、竹筐、烛枝、羊毛筷等产品。但仍以生产竹筐、漆筷为主。当时竹器生产为该村家庭手工副业，95%以上劳力均从事竹器生产，产品远销省内外。

归湖镇：归湖镇盛产竹类，竹器制作历史悠久，利用各类竹子编织制作筐、箩、雨笠、畚箕、鱼篓、虾蒌、竹篮、篾扇等农具用具，产品精致美观，坚固耐用。1957年，在葫芦圩建立归湖竹器厂，生产畚箕、柑筐等，职工32人。1972年，产竹器制品4.1万件。1978年搬迁至意溪。1968—1979年，先后有仙洋、梨下、溪口、克安等村办竹器厂，生产畚箕、沙箕和筐箩等，后因塑料制品业的兴起而停办。

庵埠镇：1952年，庄陇村首建竹器厂，有雨笠、畚箕等产品。1957年，宝陇竹叶厂开创，放外工编织竹叶供搭篷用。其后组织起来的有亭夏竹器厂（1961年）、亭下竹围竹器厂（1964年），大桥竹器厂（1964年）。1972年，刘陇竹器工艺厂成立，生产花篮等工艺品出口。1979年竹器企业7家。20世纪70年代搭篷业务兴旺，配合建筑业搭脚手架的业务也趋盛。

科学技术的飞速发展给社会带来了翻天覆地的变化。20世纪90年代之后，随着高新材料的普及应用，再加上市场经济的冲击，潮州竹器产业日渐式微，大多竹器厂先后停产。目前，仅少数竹器艺人在经营竹器小手工作坊。为保护抢救珍贵的历史文化，潮州逐步推动相关项目申报非物质文化遗产项目，目前有以下非遗项目和传承人：

花篮——郭绍庆、郭乔生：花篮是潮汕地区一直以来广泛应用的民俗用品及工艺品，如结婚、嫁女时阿舅掼油，盖新房屋入宅时请老爷，平时入宫拜老爷，丧事放纸等都必须用到。潮汕花篮有着吉祥、喜气的象征，且制作工艺细致、竹质好、油料讲究，耐磨不易落色，经久耐用，便于收藏，因此质量好、细巧的花篮也是厅堂摆设、轿车吊物的装饰工艺品，也有一些收藏爱好者经常收藏各式新旧花篮。花篮是用竹篾编织而成的，画花鸟，打桐油，五彩缤纷，篮盖呈半球状，篮身呈圆柱状，拱状的提把像一道门，上方两端用藤丝缠绕成结，既能起到绑固的作用，又有着装饰性，中间上端有藤扎圆环，可提可吊，既能上盖又会透气，因而深受潮汕民间百姓的欢迎。其也是旅居世界各地华侨回乡探亲、

花篮

旅游首选的送礼、收藏、日用的重要物品。潮安庵埠淄龙村制作花篮历史悠久，工艺独特，享誉海内外。淄龙花篮具有制作工艺细致、竹质好、油料讲究，以及耐磨不易落色，经久耐用，便于收藏等优点。其工序主要有：选料、锯竹、踏底、围篮墙、做盖、做脚、做拎、绑藤、画花篮等，且每道工序均由很多细节构成。淄龙花篮于2017年被列入潮安区非物质文化遗产保护项目，郭绍庆为项目传承人。2020年，郭乔生被列为非遗项目“潮安竹编技艺·花篮”区级传承人。

郭乔生还自行创作竹编精致微型农具，诸如：捕鱼筌、鱼篓、鱼崽篮、虾拍、戽斗、鹩围、戽斗、谷笪、水车、市篮、箩筐、竹扫帚、土砻、囊椅、米筛、米箩、旋桶、洗衫篮、摇篮、鸡笼子、牛嘴篮、牛筒、竹扇、猪屎篮、尿桶、竹沽筒、笊篱等。

花葫——郑树耀：竹篛是一种由竹篾编织而成，有浅沿的圆形平底器具。花篛作为传统手工艺品，在潮汕家庭中的用途极为广泛，可作为晒具、盛具，以及婚嫁用品。其是旧时潮汕农家必不可少的生产生活用品，也是民俗用品。

花葫是龙湖镇阁一村的传统技艺，据村中82岁老人郑明发介绍，200年前就有先祖自创编葫了。其工序复杂烦琐，需经选竹、破竹篾、剖丝、切丝、剖削、磨光、编织、篛脚、绑藤等多道工序。经过不断改进、创新和完善，使之成为独树一帜的一项民间艺术。2019年，龙湖镇花葫制作技艺被列为区级非遗项目。2020年，郑树耀申请为项目传承人。

油纸花灯——林俊平、林俊深：油纸花灯是一种由竹篾制作的形成不同形状的灯具。在潮汕方言中，“灯”与“丁”、“竹”与“德”发音相近，因此逢年过节，潮汕人家都会高挂红灯笼，祈求来年家中人丁兴旺、喜庆团圆、平安吉祥。灯笼制作需要经过选竹、削竹皮、削篾、编织灯骨架、挑选竹纸、糊灯笼纸、漂染浸色、绘画着彩、粘贴纸花等10多道工序，制作工艺极其繁复。

油纸花灯是龙湖镇湖边村的传统技艺，有着近200年做灯笼的历史，是潮州目前最大的竹灯笼生产基地。2017年，龙湖镇油纸花灯制作技艺被列为区级非遗项目，林俊平、林俊深为项目传承人。

竹笠——庄美芬：竹笠是潮汕劳动群众使用的日常用具，它能遮阳挡雨、抵御严寒，曾经作为潮汕地区一种非常有特色的手工艺用品，出口销往东南亚各国。庵埠庄陇竹笠，是一种用竹丝和竹篾编织，中间夹以宽大的竹叶的笠帽。精工的竹笠用竹青细蔑编织，加以藤片扎笠头和滚笠边。竹叶之上下层各夹一层油纸，笠面加涂上熟桐油。庄陇竹笠制作历史悠久，随着南宋移民扎根于桑浦山下，一脉相承流传至今。庄陇竹笠在历代的传承中加以创新，巧妙运用匠艺。从简单竹枝制成的“竹笠”，到编制成精致的手工艺品，都是手工制作而成，过程相当繁复，需要大大小小50多道工序。主要工序有选材、破竹、编织、装饰等，制作工艺达到顶尖水平。以前流行在竹笠上印字，或绘上花卉图案，或写上一首歌谣或古诗，相当别致。如今，人们越来越崇尚自然，讲究绿色环保，弘扬传统文化，纯手工制作的竹笠愈显珍贵。如今琳琅满目的遮阳产品代替了竹笠，但是传统的竹笠仍然受众多劳动者、收藏者、艺术创作者的青睐，也是游子们怀念故土、寄托乡愁的信物。庄陇竹笠制作技艺于2017年被列入潮安区非遗保护项目，庄美芬为项目传承人。

竹笠

毛笔——陈楚荣、陈文灿：龙湖镇塘东村的毛笔制造工艺源远流长，历史悠久。它自元朝传入潮州，逐渐发展成为龙湖镇民间工艺传统项目之一。元朝末年，毛笔制造工艺随着中原迁徙人民带入潮州，落户于龙湖镇塘东村，至今已有600多年的历史。

毛笔制造工艺，自中原随南迁人群传入潮州后，经过不断探索、发展、扩大、改进、创新，形成了独树一帜、富有特色的地方工艺，成为潮州民间工艺的一个重要项目，在地方传统工艺中产生了深远的影响。至清朝嘉庆年间，毛笔这项工艺已成为村中一种标志性产业而远近闻名。新中国成立之后，塘东村办起了毛笔社，把各户的从业人员都招进厂场，成了塘东村的支柱产业，支撑着塘东村集体经济的半壁江山。改革开放之后，各项产业如雨后春笋般涌现。毛笔工艺从原来单纯用于书画、油漆扩充到工业、医疗、化妆彩绘等各个领域，需求量倍增。

土头毛笔的制作，从挑毛、下水除脂到成型配套包装，共有百余道工序，分为17个类型：挑毛、脱脂、整毛、脱绒成片、齐毛、分锋、切毛、配制、擦制、挑锋、定型、晒干、捆笔头、配笔杆、挑毛锋、胶笔成型、配套。

毛笔

老字号“陈成章”的传承人陈楚荣、陈文灿在不断实践和总结经验中逐步修改和完善大提笔、斗笔的毛料配比和长短配制技艺，让大提笔和斗笔在质量和档次上进一步提升，受到了行家和学者的高度赞誉。土头毛笔制作技艺于2017年被列入潮安区非遗保护项目，陈楚荣、陈文灿为项目传承人。

除了竹编竹雕等传统业态，潮州也在积极探索新业态。经调查，潮州现有8个镇产竹，每年产量大约30万吨。广东现有16个县产竹，每年产量大约2000万吨。近年，湖南工业大学、中山大学、中科院、林科院专家联合解决了竹容易腐坏的问题，并以技术入股参与广东建中新竹材有限公司。该公司位于沙溪镇贾里村宝树园，现为国家发展改革委、湖南工业大学国家先进包装材料工程研究中心研发基地，湖南工业大学国家先进包装材料工程研究中心产学研合作基地。潮州正在探索推广相关科研成果转化成经济效益，该公司现有8种产品，13项专利，其中3种正式投产，分别是高分子碳化复合竹编土工格栅、复合竹沥竹碳土壤改良剂、智能一体化污水处理设备。碳化复合竹编土工格栅产品执行标准国家标准已颁布执行。

第二节　潮州竹产业发展的机遇和挑战

潮州发展竹产业有其独特突出的历史优势。潮州气候适合竹子生长，竹加工历史悠久，曾处于竹产业发展的先锋。竹产业一方面作为潮州的历史经典产业，另一方面又能作为旅游城市的“新卖点”，潜在消费群体广大。振兴潮州竹产业，让丰富多彩的竹产品重新回到生活里，能够勾起广大群众的时代回忆，得到广大群众的支持和认可。

虽然当下竹产业发展缓慢，但曾从事过竹艺工作的群众人数较多，且还有部分竹木厂、竹器厂仍在经营，产业基础和传承基础较好。目前民间尚有很多艺人能够延续发展以竹编、竹雕为基础的工艺，若村里能有竹器厂或者合作社，就能够解决许多群众的就业问题，带动产业“旺起来”。

潮州发展竹产业处于大有可为的历史机遇期。“生态兴则文明兴，生态衰则文明衰。”党的十八大以来，以习近平同志为核心的党中央对生态文明建设高度重视，对贯彻绿色发展理念决心坚定。越来越多人认识到保护生态环境、治理环境污染的紧迫性和艰巨性，清醒认识加强生态文明建设的重要性和必要性。因地制宜发展潮州竹产业，保护好“青山绿水”，功在当代、利在千秋，同时，也可解决潮州当下经济发展避免不了工业污染的困境。

当今世界，生态环境已成为一个国家和地区综合竞争力的重要组成部分。保护环境就是保护生产力，改善环境就是发展生产力。以洁净、安全、优质、营养为主要特征的绿色产品消费方兴未艾，山清水秀的自然生态旅游备受喜爱。发展包括竹产业在内的绿色产业是顺应时代之需，也代表了当今科技和产业变革方向，是最有前途的发展领域。

2008年1月8日，国务院办公厅下发《关于限制生产销售使用塑料购物袋的通知》。2020年初，“限塑令”升级为“禁塑令”，国家发改委、生态环境部等9部门联合印发《关于扎实推进塑料污染治理工作的通知》，提出三步走的目标：到2020年，率先在部分地区、部分领域禁止、限制部分塑料制品的生产、销售和使用。到2022年，一次性塑料制品消费量明显减少，替代产品得到推广，塑料废弃物资源化能源化利用比例大幅提升；在塑料污染问题突出领域和电商、快递、外卖等新兴领域，形成一批可复制、可推广的塑料减量和绿色物流模式。到2025年，塑料制品生产、流通、消费和回收处置等环节的管理制度基本建立，多元共治体系基本形成，替代产品开发应用水平进一步提升，重点城市塑料垃圾填埋量大幅降低，塑料污染得到有效控制。这些举措都向公众释放了一个信号，国家将以更大力度防治白色污染，更大力度推动替代产品发展。而竹产业作为环境友好型的产业，前景不可限量。其中，符合“以竹代塑”产业趋势的竹日用品备受瞩目，潮州在这方面已经“先行一步”。广东建中新竹材有限公司研发的8个“以竹代塑”产品和1个改良土壤、1个改良水质的“8+2工程”产品的推广，为治理塑料污染、保护生态环境做出较好的示范带头作用。

潮州在结合弘扬优秀传统文化的基础上，如能打好弘扬经典产业之一的竹产业这张牌，在粤东地区甚至全省做出引领生态经济的范本，既能获得多方的瞩目和支持，有力提升城市影响力，又对整个城市经济长远健康发展大有裨益，更好地提升城市格调。

潮州发展竹产业要有所行动，抢抓机遇。随着新材料、新技术的发展，传统竹产业受到严重冲击，其发展趋势不容乐观。相对于之前作为全国竹雕三大产区的辉煌，潮州竹产业已逐步衰退，甚至将慢慢消忘湮没于历史的长河之中。潮州重振竹产业还有诸多急需解决的问题，主要是：一是当前企业规模偏小、产业层次偏低，尚未构建价值高的产业链条，传承乏力；二是行业体系不完善，缺乏创新型的高端人才、支持有力的政策保障和集聚发展的产业平台；三是由于历史原因，当下广大消费者大多认同和偏好传统竹制品或竹资源的传统用途，对新开发的竹产品不了解或不认同，消费市场引导尚需下功夫。

浙江、江西、四川、湖南、福建等地发展竹产业的成功案例，为潮州发展竹产业提供了较好的经验。但同时也要注意到，这些地区也在迅猛发展，抢占竹市场和相关人才，提升自身竹制品的消费认同度，因而潮州竹产业还需有竞争意识，找对方向，跑步前进。

第三节　潮州竹产业可持续发展的思考

要将竹产业做大做强，需要全社会的重视，共同努力，广开思路，创新作为。有感于此，笔者认为可从以下几个方面努力。

着力培育壮大竹产业，一、二、三产业融合发展。一是壮大竹子种植业，改革生产经营方式。大力培育竹业企业、合作社、村集体、种竹大户等各类种竹造林主体，积极推广“公司+基地+农户”等种竹造林营林新模式。着力寻求错位发展，注意不盲目地重复低水平投资建设。二是壮大竹子加工业，延伸产业链，发展精、深加工产品。培育若干乡村发展带路人，逐步培养起若干竹编专业村、竹雕专业村、竹建筑专业村。着力依靠科技进步、优化产品结构，提升产业层次，从提高产品附加值的方向发展，加快技术、产品的升级换代。进一步加强“以竹代塑”等项目的推广，使科研成果高效率地转化为社会效益和经济效益。三是壮大竹子服务业，探索发展新业态。以发展文创和旅游为抓手，带动相关服务行业发展，如竹文化研究、竹文艺创作、竹展览展会、竹生态旅游等。逐步探索建设相关村落、镇，形成区域化的旅游产品和业态，使文创农业、特色民宿、休闲旅游、文创文艺等新模式蓬勃发展。

打造潮州竹产业特色IP，创造高附加值产品。一是深挖潮州竹文化的特色因子，加强阐释和研究，逐步深化竹品牌的内涵。注重涉竹的历史资料的整理收集，特别是抢救性保护，较为系统和全面地收集、整理与竹相关的诗词歌赋、墨竹曲艺、文房用品、园林建筑、日用器具、素饮佳肴、工艺美术、宗教民俗等内容，做好资料、文献、文物等存档。加强对国内外竹产业发展强势的城市进行调研，在学习先进发展经验的基础上，明确潮州竹文化旅游地相较于其他地域的内核文化基因，找到属于潮州独一无二的文化特质，再对其以现代化、形象化、故事化的演绎，创造出特色鲜明的旅游文化IP。二是在特色文化IP的加持下，以竹林、竹艺、竹笋、竹屋等为重点，逐步打造竹旅游路线，发展竹民宿、竹文创等新业态，倡导生态环保自然的旅游概念。在脱贫攻坚中，因地制宜注重发掘倡导有竹产业基础的贫困乡村发展竹产业、竹工艺、竹旅游等。如继续推动饶平县东山镇东明村以发展竹子、青梅农业来打造“青梅竹马之乡”生态旅游牌。三是扩大以竹为材质（或主要材质）的文化创意产品设计、制作、销售，加快传统与时尚的融合、非遗与设计的跨界，着力提升潮州竹文化创意产品设计水平。探索在“韩愈杯”文化创意产品设计大赛等赛事增加竹产品创作部分，鼓励引导研发具有创新亮点的竹产品，同时增强群众对新型竹产品的认同和使用意愿。四是加强对竹产业的政府服务，为企业搭台，为企业解决发展壮大中遇到的问题，积极推动潮州竹制品及企业积极参与国际竹产业交易博览会、国际竹产业发展峰会、中国竹文化节等竹行业盛会。鼓励民间以竹为“媒”推出相关自媒体作品，展现潮州竹文化魅力。鼓励竹产业对产品进行包装广告宣传，特别是在融入地域特色方面。条件成熟的，推出竹文化乡村直播、竹产品线上展陈售卖。借助传统媒体、新媒体、文旅活动、外宣活动等，策划若干竹产业宣传报道，推动竹产业成为新潮流。

夯实竹产业发展基础，为长久发展保驾护航。一是全面加强竹文化普及。让竹教育融入学校教育，加强在幼儿园、中小学中推动竹编进校园、竹雕进校园、竹玩具制作、竹运动等传统文化课程，深化“赏竹、玩竹、品竹、学竹”等方面的学习和实践。建议高水平的竹博园、竹博物馆，让其成为普及潮州竹文化的重要平台。举办竹编竞技比赛、竹文化节、百笋宴、竹文化之旅等活动，引导广大群众认识潮州竹文化、关注潮州竹文化、热爱潮州竹文化，擦亮“潮州竹编”“潮州竹雕”“潮州扇”“潮州江东竹笋”“潮州花灯”等名片，打破竹编、竹雕等优秀工艺在现今发展的沉寂。二是在城乡规划建设中注重竹元素的运用，特别是古城区和公园、广场、群众活动中心、绿道等公共场所。借助创建全国森林城市，以“榕、竹”为重点，倡导大力种竹、优化环境，用现代、时尚的审美精心打造榕、竹环绕的城市、乡镇、民居，让人一进入潮州就能感受到浓浓的乡韵乡情。鼓励居民村民在符合法律法规的情况下种竹，美化周边环境。三是坚持人才与竹产业一体谋划、一体实施，积极组织开展竹产业人才需求收集，在政策、资金等方面优先向竹产业人才倾斜，着力培育一批与竹产业发展相融互动、相互促进的优秀人才，为竹产业发展提供坚强的人才保障和智力支撑。加强高校、科研机构和林业部门、竹产业企业的联动，探索定向培养。建立本土竹产业人才资源库，从中选拔一批经验丰富、技术水平高的优秀人才组建专家服务团队，深入基层开展现场指导、技术培训等，并结合基层实际情况，组织专题培训班，帮助解决竹产业发展中的实际问题，为竹产业发展提供智力服务。

“岁月以竹为伴，为人以竹为榜”。从食品、工艺品、家具，到工业原料、建筑材料，竹子正在成为中国绿色发展进程中不可缺少的一部分。竹产业为中国转变发展方式、增加农民收入、改善民生福祉做出了积极贡献。越来越多城市在营造“竹韵”氛围，渗透“以竹育人”，积极发挥竹文化的陶冶功能。希冀“竹翠风景线”不仅存在于每一个人的生活中，也存在于每一个人的心中。希冀潮州竹文化更好被大众认识和喜爱，在新时代里焕发新光彩。

参考文献

1. 《广东省志》，广东人民出版社1993年版。

2. 《广东省民间艺术志》，中山大学出版社2016年版。

3. 饶宗颐《潮州志》，潮州市地方志办公室，2008年版。

4. 《潮州市志》，广东人民出版社1995年版。

5. 《潮安县志（1992-2005）》，岭南美术出版社2011年版。

6. 《饶平县志》，饶平县地方志编纂委员会，2012年。

7. 《湘桥区志》，岭南美术出版社2013年版。

8. 《庵埠镇志》，新华出版社1990年版。

9. 《龙湖镇志》，龙湖镇志编写组，1988年。

10. 《东凤镇志》，东凤镇志编写组，1988年。

11. 《浮洋镇志》，浮洋镇志编纂办公室，1989年。

12. 《归湖镇志》，归湖镇志编写组，1986年。

13. 《江东镇志》，江东镇志编委会，2008年。

14. 《文祠志》，文祠志编纂小组，1989年。

15. 《凤凰镇志》，凤凰镇志编写组，1988年。

16. 《意溪志》，潮州市意溪志编写组，1988年。

17. 《钱东镇志》，钱东镇志编写组，2017年。

18. 《潮州市工艺美术志》，潮州市工艺美术志编写组，1986年。

19. 《潮州市工业志》，潮州市经济委员会编印，1988年。

20. 《潮州科技志》，潮州市科委科技志编写组，1988年。

21. 《认识潮州》，潮州市国防动员委员会，2015年。

22. 郭马凤：《潮汕工艺美术》，潮汕历史文化研究中心，2000年。

23. 詹天庠：《潮汕文化大典》，汕头大学出版社2013年版。

24. 何明、廖国强：《中国竹文化研究》，云南教育出版社1994年版。

25. 陈两浩：《农器集》，天马出版有限公司2006年版。

26. 陈向军：《潮州市非物质文化遗产通览》，中国文史出版社2010年版。

27. 柳剑文：《潮剧潮乐潮舞》，潮州海外联谊会、韩山师范学院潮学研究院，2017年。

28. 陈天国：《潮州音乐研究》，花城出版社1998年版。

29. 黄云鹏、尤祖约、林琴琴《福建竹文化》，中国林业出版社2018年版。

30. 叶春生、林伦伦《潮汕民俗大典》，广东人民出版社2010年版。

31. 黄舜生：《潮汕历代诗歌概览》，《汕头日报》，2006年。

32. 王次阳：《潮州民俗》，天马出版有限公司2011年版。

33. 马建钊、饶敏、练铭志《畲族文化研究》，民族出版社2009年版。

34. ［北魏］崔浩《食经》。

35. ［北魏］贾思勰《齐民要术》。

36. ［唐］苏敬《唐本草》。

37. ［唐］郭益恭《广志》。

38. ［唐］孟诜《食疗本草》。

39. ［北宋］赞宁《笋谱》。

40. ［北宋］李昉、李穆、徐铉等《太平御览》。

41. ［北宋］李昉等《太平广记》。

42. ［南宋］林洪《山家清供》。

43. ［南宋］济颠《笋疏》。

44. ［明］李时珍《本草纲目》。

45. ［明］刘基《多能鄙事］卷回》。

46. ［明］徐光启《农政全书》。

47. ［清］曹庭栋《老老恒言》。

48. 覃圣敏：《竹子与宗教习俗——竹文化研究（上）》，《广西民族研究》，1993年第4期。

49. 雷金流：《广西镇边县的罗罗及其图腾遗迹》，《公余生活》，1937年第8、9期合刊。

50. 萧屏东校注：《苏东坡笔记》，湖南文艺出版社1991年版。

51. 张国强：《中韩竹民俗文化符号研究》，《延边大学学报》（社会科学版），2013年第1期。

52. 何明、廖国强：《中国竹文化》，人民出版社2007年版。

53. 孟元老：《东京梦华录全译》，贵州人民出版社2009年版。

54. 麻国钧：《竹竿子再考》，《中华戏曲》，2002年第2期。

55. 郑玄：《曲礼上》，礼记注疏（卷一）。

56. 覃圣敏：《竹子与宗教习俗——竹文化研究（中）》，《广西民族研究》，1994年第1期。

57. 叶嘉莹：《灵溪词说》，《四川大学学报》，1986年第4期。

58. 苏轼：《文与可画筼筜谷偃竹记》，苏东坡全集（卷三十二）。

59. 蔡振翔：《竹林名士交游记》，《求索》，1993年第1期。

60. 张文科：《竹》，中国林业出版社2004年版。

61. 黄筱雄、蒋元淡、肖毓敏：《竹子的综合利用》，《林产化学与工业》，2008年第4期。

62. 何明：《中国竹文化小史》，《寻根》，1990年第2期。

63. 胡冀贞、辉朝茂：《中国竹文化及竹文化旅游研究的现状和展望》，《竹子研究汇刊》，2002年第3期。

64. 何明、廖国强：《中国竹文化研究》，云南教育出版社1999年版。

65. 关传友：《中国竹文化概览》，《竹子研究汇刊》，2001年第3期。

66. 蓝晓光：《从马王堆看中国汉代的“竹子文明”》，《竹子研究汇刊》，2003年第1期。

67. 庚晋：《现代科学开辟竹子新功用》，《林产工业》，2004年第7期。

68. 杨宇明：《优质笋用竹产业化开发》，中国林业出版社1998年版。

69. 徐忠灿：《美不失雅　土不落俗——浅设园林中的竹子建筑》，《竹子研究汇刊》，2001年第2期。

70. 李世东、段华：《中国竹韵》，中国经济出版社1999年版。

71. 辉朝茂、杨宇明、郝吉明：《论竹子生态环境效益与竹产业可持续发展》，《西南林学院学报》，2003年第4期。

72. 王树东：《中国竹业的发展与全面创新》，《林业科技管理》，2004年第2期。

73. 邱尔发、洪伟、郑郁善：《中国竹子多样性及其利用评述》，《竹子研究汇刊》，2001年第2期。

74. 王平：《南方少数民族竹崇拜的起源及特征》，《湖北民族学院学报》（哲学社会科学版），2001年第4期。

75. 金荷仙、华梅境、方伟：《竹文化在古典园林中的运用》，《竹子研究汇刊》，1998年第3期。

76. 何宝年：《竹文化与绘画》，《文教资料》，2001年第4期。

77. 李宝昌、张涵、汤庚国：《古典园林竹子造景的艺术手法研究》，《竹子研究汇刊》，2003年第1期。

78. 李宝昌、汤庚国：《竹文化与竹子造景的意境创造研究》，《浙江林业科技》，2000年第3期。

79. 赵丽：《中国古文学中的竹意象》，《洛阳工学院学报》（社会科学版），2002年第3期。

80. 曾联盟：《世界竹子看中国》，《森林与人类》，2002年第8期。

81. 彭镇华、江泽慧：《绿竹神气》，中国林业出版社2006年版。

82. 《永定县志》卷十五《商业》，中国科技出版社1994年版。

83. 《奉列宪禁碑》（嘉庆二十四年），1819年。

84. 萧冠英：《六十年来之岭东纪略》，广东人民出版社1995年版。

85. 周硕勋：乾隆《潮州府志》卷十四，墟市，页一，潮州市方志办影印本，2001年。

86. 《意溪志》，潮州市意溪志编写组，1988年。

87. 许振声：《潮州城老字号摭谈》，《潮州文史资料》第21辑，2001年。

88. ［清］蔺纂修：乾隆《大埔县志》卷十《风土志·方产》，岭南美术出版社2009年版。

89. 邹进之修、温廷敬纂：民国《大埔县志》卷十《民生志》。

90. 刘禹轮、李唐编纂：民国《丰顺县志》卷十三《物产》，汕头铸字局梅县分局承印本。

91. 刘禹轮、李唐编纂：民国《丰顺县志》卷十二《物产》，汕头铸字局梅县分局承印本。

92. ［清］蔺纂修：乾隆《大埔县志》卷一《水利》，岭南美术出版社2009年版。

93. 邹进之修、温廷敬纂：民国《大埔县志》卷三十六《金石志》，贺一宏：《湖寮田山记》。

94. 邹进之修、温廷敬纂：民国《大埔县志》卷三十六《金石志》，王演畴：《大埔县义田记》。

95. ［清］吴宗焯修、温仲和纂：光绪《嘉应州志》卷五，《水利》页一至二，台湾成文出版社1968年版。

96. 史军义、易同培、杨汉奇：《中国竹类资源调查及〈中国竹类图志〉的编撰》，《科技成果管理与研究》，2014年第6期。

97. 姚小鸥：《诗经译注（上下）》，当代世界出版社2000年版。

98. 张耀清：《历史记忆闽西文化广（上下）》，海潮摄影艺术出版社2007年版。

99. 邹银河：《绿色华安》，海峡文艺出版社2009年版。

100. ［清］李渔：《闲情偶寄》，上海古籍出版社2000年版。

101. 李宝昌、张涵、汤庚国：《古典园林竹子造景的艺术手法研究》，《竹子研究汇刊》，2003年第1期。

102. 《畲族简史》编写组：《畲族史话》，民族出版社2009年版。

103. 邓荫柯：《中国古代发明》，五洲传播出版社2010年版。

104. 万国鼎：《中国历史纪年表》，中华书局1978年版。

105. ［明］宋应星：《天工开物图说》，山东画报出版社2009年版。

106. 陈嵘：《竹的种类及栽培利用》，中国林业出版社1984年版。

107. 周芳纯：《竹林培育学》，中国林业出版社1998年版。

108. 陈嵘：《中国森林史》，中国林业出版社1983年版。

109. 中国绿色时报：《中国竹类资源家底查》，《世界竹藤通讯》，2013年第5期。

110. 王先谦：《东华录》，上海古籍出版社2008年版。

111. 易同培、史军义：《中国竹类图志》，科学出版社2008年版。

112. 辉朝茂、杨宇明：《中国竹子培育和利用技术手册》，中国林业出版社2002年版。

113. 陈双林、应杰：《竹子的观赏价值及开发利用》，《竹子研究汇刊》，2000年第2期。

114. 王启华等：《竹子在园林中的应用研究》，《中国林副特产》，2001年第2期。

115. 辉朝茂、杨宇明：《中国竹子培育和利用手册》，中国林业出版社2002年版。

116. 李睿、章笕、章珠娥：《中国竹类植物生物多样性的价值及保护进展》，《竹子研究汇刊》，2003年第4期。

117. 李智勇、王登举、樊宝敏：《中国竹产业发展现状及其政策分析》，《北京林业大学学报》，2005年第4期。

118. ［汉］郑玄注：《周礼注疏》，北京大学出版社2000年版。

119. ［清］郭庆藩：《庄子集释》，中华书局2004年版。

120. ［唐］杜佑：《通典》，浙江古籍出版社2000年版。

121. 王子初：《中国音乐考古学》，福建教育出版社2003年版。

122. ［汉］许慎：《说文解字》，上海教育出版社2003年版。

123. 马乃训：《中国珍稀竹类》，浙江科学技术出版社2007年版。

124. 许江：《中华竹韵》，中国美术学院出版社2011年版。

125. 何明：《中国竹文化》，人民出版社2007年版。

126. 许宛春：《试论竹对中国文化的影响和作用》，《前沿》，2007年第10期。

127. 唐立华：《竹木家具中竹构件的形式》，《林产工业》，2003年第4期。

128. 徐晓望：《闽北文化述论》，中国社会科学出版社2009年版。

129. 胡德平：《森林与人类》，科学普及出版社2007年版。

130. 苏孝同、苏祖荣：《森林文化研究》，中国林业出版社2013年版。

后记

经过近一年的努力，《潮州竹文化》终于和各位读者见面了。该书作为一本科普读物，目的是普及潮州竹文化知识，推动竹文化研究纵深发展，让这颗“明珠”重现光芒，进一步拓展潮州文化研究工作，同时以竹文化的传承、弘扬、发展，助推潮州竹产业的发展。

编辑出版《潮州竹文化》，得到了各级领导和有关部门的高度重视和关心支持。市直各有关单位、各县区委宣传部、各县区文广旅体局、相关镇级文化站等多部门和社会各界人士协助提供相关文献和资料。在此，对一切襄助这项工作的单位和个人表示衷心的感谢！本书内容参考了各类相关文献，在此向原作者一并致谢。

由于水平、资料、时间及工作条件的限制，本书难免出现缺漏欠周乃至讹误之处，敬请广大读者批评指正。

编　者

2020年10月28日